海上石油作业
安全生产知识习题集

海油安监办中油分部考试中心（渤海钻探职工教育培训中心） 编

石油工业出版社

内容提要

为了确保海上石油安全生产，提高管理人员安全意识和应急能力，本书编写了海上石油作业安全生产知识的试题及参考答案与解析，包括海上石油作业主要负责人和安全管理人员需要掌握的安全生产法律法规、安全生产管理知识、安全生产技术、案例分析与经验交流和应急管理等五个板块的内容。

本书既可作为海上石油作业主要负责人和安全管理人员培训教材，也可用作海上石油作业人员自学或参考书。

图书在版编目（CIP）数据

海上石油作业安全生产知识习题集 / 海油安监办中油分部考试中心（渤海钻探职工教育培训中心）编 . —北京：石油工业出版社，2020.6

ISBN 978-7-5183-3995-2

Ⅰ. ①海… Ⅱ. ①海… Ⅲ. ①海上石油开采—安全生产—习题课 Ⅳ. ① TE58-44

中国版本图书馆 CIP 数据核字（2020）第 078639 号

出版发行：石油工业出版社

（北京安定门外安华里 2 区 1 号　100011）

网　　址：www.petropub.com

编辑部：（010）64523552　　图书营销中心：（010）64523633

经　　销：全国新华书店

印　　刷：北京晨旭印刷厂

2020 年 6 月第 1 版　2020 年 6 月第 1 次印刷

787×1092 毫米　开本：1/16　印张：14.75

字数：310 千字

定价：65.00 元

（如出现印装质量问题，我社图书营销中心负责调换）

版权所有，翻印必究

《海上石油作业安全生产知识习题集》
编委会

主　　任：黄　飞
副 主 任：杨光胜
委　　员：孙德坤　王建新　赵英杰

编写组

主　　编：杨光胜
副 主 编：孙德坤　赵英杰
编　　委：史永伟　周雪菡　范世强　江泽帮
　　　　　周见果　穆郁馨　谭　健　刘　杨
　　　　　赵　鑫　高　鹏　崔国娟

前言

PREFACE

随着我国"稳定东部、发展西部"能源战略决策的逐步实施，中国石油天然气集团有限公司在渤海湾滩海油气勘探开发中获得了快速发展，海上油气生产规模和从业人员逐年增加，安全环保风险显著增长，企业依法经营、员工持证上岗就显得尤为重要。依据《海洋石油安全管理规定》（国家安全生产监督管理总局令〔2006〕第4号）和《中国石油天然气集团有限公司海洋石油安全生产与环境保护管理办法》（中油质安〔2019〕202号）等相关规定，海洋石油生产设施的主要负责人、安全管理人员应当经过安全资格培训，具有相应的安全生产知识和管理能力，经考核合格取得安全资格证书。其主要目的是提高海上石油作业主要负责人和安全管理人员的安全意识和在突发事件下的应急能力，运用安全生产知识使各种险情或事故危害降到最低程度，确保企业安全生产。

本书在编写过程中着重突出了中国石油滩海油气开发生产作业特点和作业海域特殊性，借鉴了中国海洋石油集团有限公司多年成熟的海上作业实践经验，根据海上石油作业主要负责人和安全管理人员实际工作和培训特点，全书分为安全生产法律法规、安全生产管理知识、安全生产技术、案例分析与经验交流和应急管理五个板块内容，具有较强的针对性和实用性。

本书适合海上石油作业主要负责人和安全管理人员培训和自学需要，内容深浅适宜，繁简适度，与实际工作结合紧密。

在本书编写过程中，得到了国家应急管理部海洋石油安全监督管理办公室中油分部考试中心的大力支持，在此表示感谢。

由于编者水平所限，书中难免有缺陷和错误，请大家及时批评指正，我们将进一步修订、完善。

目录

CONTENTS

第一部分　海上石油作业主要负责人应掌握的知识

第一章　安全生产法律法规 ··· 3
　　一、单项选择题 ·· 3
　　二、判断题 ··· 5
　　三、多项选择题 ·· 10

第二章　安全生产管理知识 ··· 16
　　一、单项选择题 ·· 16
　　二、判断题 ·· 18
　　三、多项选择题 ·· 24

第三章　安全生产技术 ··· 27
　　一、单项选择题 ·· 27
　　二、判断题 ·· 28
　　三、多项选择题 ·· 29

第四章　案例分析与经验交流 ·· 31
　　一、单项选择题 ·· 31
　　二、判断题 ·· 33
　　三、多项选择题 ·· 35

第五章　应急管理 ··· 38
　　一、单项选择题 ·· 38
　　二、判断题 ·· 41
　　三、多项选择题 ·· 43

第二部分　海上石油作业主要负责人应掌握的知识参考答案与解析

第一章　安全生产法律法规··49
　　一、单项选择题答案与解析···49
　　二、判断题答案与解析···53
　　三、多项选择题答案与解析···62

第二章　安全生产管理知识··68
　　一、单项选择题答案与解析···68
　　二、判断题答案与解析···69
　　三、多项选择题答案与解析···81

第三章　安全生产技术··84
　　一、单项选择题答案与解析···84
　　二、判断题答案与解析···86
　　三、多项选择题答案与解析···89

第四章　案例分析与经验交流··93
　　一、单项选择题答案与解析···93
　　二、判断题答案与解析···95
　　三、多项选择题答案与解析···97

第五章　应急管理··100
　　一、单项选择题答案与解析···100
　　二、判断题答案与解析···103
　　三、多项选择题答案与解析···107

第三部分　海上石油作业安全管理人员应掌握的知识

第一章　安全生产法律法规··113
　　一、单项选择题···113
　　二、判断题···115

三、多项选择题 …………………………………………………… 118
第二章　安全生产管理知识 ………………………………………… 123
　　一、单项选择题 …………………………………………………… 123
　　二、判断题 ………………………………………………………… 125
　　三、多项选择题 …………………………………………………… 128
第三章　安全生产技术 ……………………………………………… 131
　　一、单项选择题 …………………………………………………… 131
　　二、判断题 ………………………………………………………… 136
　　三、多项选择题 …………………………………………………… 138
第四章　案例分析与经验交流 ……………………………………… 141
　　一、单项选择题 …………………………………………………… 141
　　二、判断题 ………………………………………………………… 143
　　三、多项选择题 …………………………………………………… 145
第五章　应急管理 …………………………………………………… 148
　　一、单项选择题 …………………………………………………… 148
　　二、判断题 ………………………………………………………… 151
　　三、多项选择题 …………………………………………………… 153

第四部分　海上石油作业安全管理人员应掌握的知识参考答案与解析

第一章　安全生产法律法规 ………………………………………… 159
　　一、单项选择题答案与解析 ……………………………………… 159
　　二、判断题答案与解析 …………………………………………… 162
　　三、多项选择题答案与解析 ……………………………………… 169
第二章　安全生产管理知识 ………………………………………… 174
　　一、单项选择题答案与解析 ……………………………………… 174
　　二、判断题答案与解析 …………………………………………… 175
　　三、多项选择题答案与解析 ……………………………………… 183

第三章　安全生产技术 186
 一、单项选择题答案与解析 186
 二、判断题答案与解析 194
 三、多项选择题答案与解析 204

第四章　案例分析与经验交流 208
 一、单项选择题答案与解析 208
 二、判断题答案与解析 210
 三、多项选择题答案与解析 212

第五章　应急管理 215
 一、单项选择题答案与解析 215
 二、判断题答案与解析 218
 三、多项选择题答案与解析 222

第一部分

海上石油作业主要负责人应掌握的知识

第一章 安全生产法律法规

一、单项选择题

1.《海洋石油安全管理细则》规定，按照设施不同区域的危险性，划分（　　）等级的危险区。

A. 2个　　　　　　　B. 3个　　　　　　　C.4个

2.《海洋石油安全管理细则》规定，设施的作业者或者承包者在进行动火、电工作业、受限空间作业等所开具的作业通知单，在作业完成后应至少保存（　　）年。

A. 3　　　　　　　　B. 2　　　　　　　　C. 1

3. 按照《海洋石油安全管理细则》规定要求，临时出海人员接受"海上石油作业安全救生"电化教学的培训，培训时间不少于（　　）课时。

A. 8　　　　　　　　B. 16　　　　　　　　C. 4

4.《海洋石油安全管理细则》第一百零二条规定，作业者和承包者应当组织生产和作业设施的相关人员定期开展应急预案的演练，演练期限不超过规定时间间隔的要求，以下（　　）不符合本条规定要求。

A. 人员落水救助演习：每半年一次

B. 弃平台演习：每倒班期一次

C. 消防演习：每倒班期一次

5.《海洋石油安全管理细则》规定，国家应急管理部海油安监办总共设有（　　）个分部。

A. 2　　　　　　　　B. 3　　　　　　　　C.4

6.《海洋石油安全管理细则》规定，以下（　　）不属于设施应配备的救生设备。

A. 救生衣　　　　　　B. 救生艇　　　　　　C. 安全阀

7.《海洋石油安全管理细则》规定，海上石油平台应按总人数的（　　）配备救生衣。

A. 210%　　　　　　　B. 100%　　　　　　　C. 200%

8.《海洋石油安全管理细则》规定，以下（　　）不属于设施上的固定灭火设备和装置。

A. 泡沫灭火系统　　　B. 干粉灭火系统　　　C. 便携式干粉灭火器

9.《海洋石油安全管理细则》规定，海上石油平台上配备（　　）套消防员装备。

A. 2　　　　　　　　　B. 4　　　　　　　　　C. 6

10. 以下哪一项不属于制定《海洋石油安全生产规定》的目的（　　）。

A. 加强海洋石油安全生产工作

B. 促进经济发展

C. 保障从业人员生命和财产安全

11.《海洋石油安全生产规定》规定，海洋石油生产设施试生产正常后，应当由（　　）负责组织对其进行安全竣工验收。

A. 国家应急管理部

B. 海油安监办

C. 作业者或者承包者

12.《海洋石油安全生产规定》开始施行的日期为（　　）。

A. 2006年5月1日　　　B. 2014年12月1日　　　C. 2009年5月1日

13.《海洋石油安全生产规定》规定，作业者应当加强对承包者的安全监督和管理，并在承包合同中约定各自的（　　）责任。

A. 技术管理责任

B. 安全生产管理责任

C. 设备管理责任

14.《海洋石油安全生产规定》规定，出海人员应该接受（　　）培训，经考核合格后方可出海作业。

A. 海上石油作业安全救生

B. 井控技术

C. 稳性与压载技术

15. 按照《海洋石油安全生产规定》规定，以下（　　）不属于作业者和承包者应当保存的安全生产相关资料。

A. 员工工资发放记录

B. 安全设备维修记录

C. 事故和险情记录

16. 按照《海洋石油安全生产规定》规定，海油安监办及其各分部对有根据认为不符合保障安全生产的国家标准或者行业标准的设施、设备、器材可以行使（　　）职权，并应当在15日内依法作出处理决定。

A. 没收　　　　　　　B. 查封或者扣押　　　　　　　C. 销毁

17.《安全生产知识和管理能力考核合格证》由（　　）颁发。
   A. 海油安监办各分部　　B. 考试中心　　C. 学员所属企业人事部门
18. 国家应急管理部海油安监办中油分部大港海监处设在（　　）。
   A. 大港油田公司　　B. 渤海钻探公司　　C. 中油海洋工程公司
19. 远程控制台储能器液体压力应保持在（　　）。
   A. 10.5～21MPa　　B. 18.5～21MPa　　C. 21MPa
20. 进入滩海通井路的车辆轮胎应采用（　　）轮胎，且具有良好的防滑性能，以便于人员逃生。
   A. 高压　　B. 低压　　C. 正常压力
21. 生产主管部门在大风到来之前（　　），提供准确的天气预报，提前10d提供海上冰情预报。
   A. 6h　　B. 12h　　C. 24h
22. 平台最下层甲板应处于设计环境条件时潮汐与波浪最不利组合情况下的最大波峰高程以上，并留有至少（　　）的间隙，以保证最下层甲板的安全。
   A. 0.5m　　B. 1m　　C. 1.5m
23. 放空管或放空火炬应布置在全年（　　）风向的上风侧。
   A. 最小频率　　B. 最大频率　　C. 适中频率
24. 人工岛上管线采用架空敷设方式时，管架布置应结合设备维修、人行通道、逃生通道统一考虑。管架下面仅有人员通行需要时，管架净空高度不应小于（　　）。
   A. 1.6m　　B. 1.9m　　C. 2.2m
25. 人工岛内应根据设备维修、逃生疏散等需要设置主通道，不同区域之间、区域内部应设置不小于（　　）宽的疏散逃生通道与主通道相连接。
   A. 0.8m　　B. 1m　　C. 1.2m
26. 人工岛岛顶面高程应取极端高水位加（　　）的安全超高值。
   A. 0.5～1.0m　　B. 1.0～2.0m　　C. 1.5～2.0m
27. 人工岛防浪墙顶高程应设在极端高水位以上不小于（　　）波高值处。
   A. 0.5倍　　B. 1.0倍　　C. 3.0倍

二、判断题

（在括号中回答"正确"或"错误"）

1.《海洋石油安全管理细则》第九十条　出海人员必须接受"海上石油作业安全救生"的专门培训，并取得具有资质的培训机构颁发的培训合格证书。（　　）

2.《海洋石油安全管理细则》规定，长期出海人员接受"海上石油作业安全救生"全部内容的培训，培训时间不少于40课时，每5年进行一次再培训。（　　）

3.《海洋石油安全管理细则》规定，当空气中含硫化氢浓度达到$150mg/m^3$（100ppm）时，组织所有人员撤离平台。（　　）

4.《海洋石油安全管理细则》规定，0类危险区，是指在正常操作条件下，不可能出现达到引燃或者爆炸浓度的可燃性气体或者蒸气；但在不正常操作条件下，有可能出现达到引燃或者爆炸浓度的可燃性气体或者蒸气的区域。（　　）

5.《海洋石油安全管理细则》规定，1类危险区，是指在正常操作条件下，断续地或者周期性地出现达到引燃或者爆炸浓度的可燃性气体或者蒸气的区域。（　　）

6.《海洋石油安全管理细则》规定，设施的作业者或者承包者应当建立动火、电工作业、受限空间作业、高空作业和舷（岛）外作业等审批制度。（　　）

7.《海洋石油安全管理细则》规定，在进行生产的海上石油设施上的救生衣按总人数的210%配备，其中，住室内配备100%，救生艇站配备100%，平台甲板工作区内配备10%，并可以配备一定数量的救生背心。（　　）

8.不在设施上留宿的临时出海人员可以只接受作业者或者承包者现场安全教育。（　　）

9.没有直升机平台或者已明确不使用直升机倒班的海上设施人员，可以免除"直升机遇险水下逃生"内容的培训。（　　）

10.没有配备救生艇筏的海上设施作业人员，可以免除"救生艇筏操纵"的培训。（　　）

11.短期出海人员，是指每次在海上作业5～15日以下（含5日），或者年累计出海时间在10～30日（含10日）的海上石油作业人员。（　　）

12.长期出海人员，是指每次在海上作业15日以上（含15日），或者年累计在海上作业30日以上（含30日），负责海上石油设施管理、操作、维修等作业的人员。（　　）

13.《海洋石油安全管理细则》规定，根据国家有关规定，针对设施可能发生的火灾性质和危险程度，分别装设水消防系统、泡沫灭火系统、气体灭火系统和干粉灭火系统等固定灭火设备和装置，并经发证检验机构认可。无人驻守的简易平台，可以不设置水消防等灭火设备和装置。（　　）

14.《海洋石油安全管理细则》规定，所有的消防设备都存放在易于取用的位置，并定期检查，始终保持完好状态。检查应当有检查记录标签。（　　）

15.《海洋石油安全管理细则》规定，海洋石油作业者和承包者是海洋石油安全生产的责任主体，对其安全生产工作负责。（　　）

16.《海洋石油安全生产规定》规定，作业者和承包者应当遵守有关安全生产的法律、行政法规、部门规章、国家标准和行业标准，具备安全生产条件。（　　）

17.《海洋石油安全生产规定》规定，作业者和承包者的主要负责人对本单位的安全生产工作全面负责。（　　）

18.《海洋石油安全生产规定》规定，特种作业人员应当按照国家应急管理部有关规定经专门的安全技术培训后方可上岗作业。（　　）

19.《海洋石油安全生产规定》规定，海洋石油生产设施应当由具有相应资质或者能力的专业单位施工，施工单位应当按照审查同意的设计方案或者图纸施工。（　　）

20.《海洋石油安全生产规定》规定，监督检查人员在进行安全监督检查期间，作业者或者承包者应当免费提供必要的交通工具、防护用品等工作条件。（　　）

21.《海洋石油安全生产规定》规定，承担海洋石油生产设施发证检验、专业设备检测检验、安全评价和安全咨询的中介机构应当具备国家规定的资质。（　　）

22.《海洋石油安全生产规定》规定作业者应当建立应急救援组织，配备专职或者兼职救援人员，或者与专业救援组织签订救援协议，并在实施作业前编制应急预案。（　　）

23.《海洋石油安全生产规定》规定，事故和险情发生后，当事人、现场人员、作业者和承包者负责人、各分部和海油安监办根据有关规定逐级上报。（　　）

24. 海上施工作业必须严格按照《中华人民共和国水上水下施工作业通航安全管理规定》向当地海事部门申请办理《水上水下施工许可证》。（　　）

25. 安全生产许可证有效期满后需要延期换证的，在有效期届满前3个月向相关部门提出延期换证申请。（　　）

26. 不得转让、冒用、买卖、出租、出借或者使用伪造的安全生产许可证。（　　）

27. 中油分部海洋石油主要负责人和安全管理人员安全生产知识和管理能力考核遵循"考试中心考核、地区海监处监管、中油分部发证"的原则。（　　）

28. 考核合格的学员，其发证信息可在国家应急管理部网站进行查询。（　　）

29. 中油分部考试中心设在渤海钻探职工教育培训中心。（　　）

30. 出海人员应穿戴符合标准的个人防护用品。（　　）

31. 出海人员应持有健康证明。（　　）

32. 出海人员应了解出海作业安全规定，遵守平台或船舶上的规章制度。（　　）

33. 出海人员应熟悉所在平台或船舶的应急集合地点、所负的应急职责以及救生衣等存放处，并参加应急演习。（　　）

34. 企业应依法达到安全生产条件，取得安全生产许可证；建立、健全、落实安全生产责任制，建立、健全安全生产管理机构，设置专、兼职安全生产管理人员。（　　）

35. 外来人员登临海上平台或船舶，必须接受安全检查和安全教育，服从平台人员的引导。（　　）

36. 海洋石油设施应有救生、逃生措施。（　　）

37. 在可能发生火灾、爆炸或有毒有害气体泄漏有人值守的海洋石油设施上，应配备封闭式耐火救生艇。（　　）

38. 浮式生产储油装置救生艇的配置应是作业人数的两倍。（　　）

39.除配备救生艇外,固定设施、浮式装置上还应配备作业人数100%的救生筏。(   )

40.从事钻井、完井、修井、测试作业的监督、经理、高级队长、领班,以及司钻、副司钻和井架工、安全监督等人员,应持有"井控操作合格证",不用持有"石油司钻特种作业操作证"。(   )

41.在含硫化氢的滩海陆岸石油设施上从事石油作业的所有人员应持有"防硫化氢技术合格证"。(   )

42.滩海陆岸石油设施必须由有资质的设计单位进行设计,所有设计应符合所用规范、标准的要求。(   )

43.有钻井井架或作业井架等可能影响航空安全的障碍物,应在障碍物的最高点处安装符合航空要求的障碍灯。(   )

44.气井、自喷井、自溢井应安装井下封隔器。(   )

45.在海床面30m以下,应安装井下安全阀。(   )

46.定期对井下安全阀现场试验,试验间隔不得超过6个月。(   )

47.在输送油、气、水管线的首端或末端应分别安装具有单流作用的应急关断阀。(   )

48.井台顶面四周应设置挡浪墙,挡浪墙高度宜为1.0m～1.5m。(   )

49.滩海陆岸值班车应配备的通信工具保证随时与滩海陆岸石油设施和陆岸基地通话。(   )

50.滩海陆岸值班车应接受陆岸石油设施作业负责人的指挥,不得擅自进入或离开。(   )

51.滩海陆岸石油设施的危险区以及其他易发生危险的部位,都应设置明显的安全标志和警语。(   )

52.至少在滩海通井路入口处要设置"危险""过水路面""易滑""注意横风""限制速度"等组合式警告标志、"非生产车辆禁止通行"辅助标志或起落式挡车设施。(   )

53.滩海陆岸石油作业应根据作业环境特点配备相应的劳动防护用品。(   )

54.存在落水危险的作业人员应穿救生衣,特殊施工要穿戴相应的劳动防护用品。(   )

55.滩海陆岸石油设施生产单位对滩海通井路的车辆制定安全管理规定,并签发通行证,无通行证的车辆严禁驶入。(   )

56.大型土方运输、井队搬迁及多车辆进入滩海陆岸石油设施施工作业时,车队负责人或指派专人到现场组织、指挥车辆通行。(   )

57.对进入滩海通井路的车辆和驾驶员,应严格进行监控管理。(   )

58.在无错车道的滩海通井路段上行驶时,车辆驶入滩海通井路前应变换灯光或鸣号示意,确定对面没有来车后再通行。(   )

59.车辆在有错车道的滩海通井路上行驶时,距离错车道远的车辆应主动停靠,让距离错车道近的车辆先通行。(   )

60. 车辆在滩海通井路上行驶，白天时速应控制在30km/h内，夜间时速应控制在15km/h内。（ ）

61. 滩海陆岸石油设施的生产及施工单位应对出入滩海通井路的驾驶员和有关生产人员进行特殊路段和环境的安全行车培训教育。（ ）

62. 在滩海陆岸石油设施上的作业人员应接受"海上救生""海上急救""平台消防"培训并取证；在滩海陆岸石油设施上配备救生艇筏的，还应持有"救生艇筏操纵证书"。（ ）

63. 所有的消防设备都应存放在易于取用的位置，并定期检查，始终保持完好状态。（ ）

64. 平台最下层甲板应处于设计环境条件时潮汐与波浪最不利组合情况下的最大波峰高程以上，并留有至少1.5m的间隙，以保证最下层甲板的安全。（ ）

65. 应根据平台所在海域的风、浪、流等环境条件、使用要求及安全要求，确定平台方位。（ ）

66. 应根据甲板尺度大小、生产作业和人员逃生的需要设置两处或多处甲板通道和甲板间梯道。（ ）

67. 应根据甲板尺度大小、安全要求和人员逃生的需要设置两处或多处甲板通道和甲板间梯道。（ ）

68. 油、气井应设置与油藏压力相适应的井口装置。（ ）

69. 从事人工岛的设计、建造、安装以及生产的全过程中，实施发证检验制度。（ ）

70. 从事人工岛石油作业的人员，其主要负责人、安全管理人员，应经安全资格培训并取得资格证书。（ ）

71. 改建、扩建的人工岛不用发证检验机构检验就可取得检验证书。（ ）

72. 人工岛的形状应根据风向、流向、流冰方向等因素综合考虑确定，并满足使用功能的要求。（ ）

73. 生活区应布置在人工岛全年最小频率风向的下风侧。（ ）

74. 生活区的辅助用房、医务室、应急避难房、生活水处理装置应考虑临时作业人员的需要。（ ）

75. 生活区可与应急发电设备、海水淡化装置安装在同一区域内，但应控制噪声和污染。（ ）

76. 钻井作业现场应至少配备15套正压式空气呼吸器，修井作业现场应至少配备10套正压式空气呼吸器。（ ）

77. 石油人工岛是指以砂、石、混凝土等为主要材料建成的与陆岸无连接的岛式构筑物与勘探开发配套的石油设施。（ ）

78. 平台上所有的通用机械设备应有出厂合格证书。（ ）

79. 生活区包括办公室、居住室、餐厅食堂、娱乐室、医务室、卫生间、通信室、控制室、应急避难房等。应根据定员人数及健康、安全需要配置有关室内设施。（ ）

80. 钻（修）井队应配备急救箱，至少装有2套工作救生衣、防水手电及配套电池、简单的医疗包扎用品和日常常用药品。（　　）

81. 油管和消防管系上的管系附件垫片应由不燃材料制成。（　　）

82. 人工岛应根据不同的使用需要进行地基处理，以满足稳定性和承载力要求。（　　）

83. 采用海水或类似介质作为消防水源时，消防泵和所有附件应采用抗海水腐蚀的材料。（　　）

84. 远程控制台至少采用两种以上驱动方式。（　　）

85. 作业者可根据浅层地质情况决定是否配置分流器。（　　）

86. 在起重司机座位附近，应安装红色应急停止开关，当该开关动作时，能使所有制动装置立即动作。应急停止开关应涂以红色，并应标明开关位置的标记和防误操作保护。（　　）

三、多项选择题

1. 《海洋石油安全管理细则》第二十五条规定，起重作业应当符合下列安全要求（　　）。

    A. 操作人员持有特种作业人员资格证书，熟悉起重设备的操作规程，并按规程操作
    B. 起重设备明确标识安全起重负荷；若为活动吊臂，标识吊臂在不同角度时的安全起重负荷
    C. 按规定对起重设备进行维护保养，保证刹车、限位、起重负荷指示、报警等装置齐全、准确、灵活、可靠
    D. 起重机及吊物附件按规定定期检验，并记录在起重设备检验簿上

2. 《海洋石油安全管理细则》规定，系物器具和被系器具有下列情形之一的，应当停止使用（　　）。

    A. 超过规定检验期限的
    B. 符合法定安全要求并定期检验的
    C. 已达到报废标准而未报废，或者已经报废的
    D. 未标明检验日期的

3. 《海洋石油安全管理细则》规定，设施的作业者或者承包者应当建立（　　）的审批制度。

    A. 电工作业 B. 高空作业
    C. 舷（岛）外作业 D. 动火作业

4. 根据《海洋石油安全管理细则》规定，若未采取可靠的安全措施，在进行（　　）作业时禁止直升机起飞或降落。

    A. 排放天然气 B. 射孔
    C. 设备检修 D. 试油作业

5. 根据《海洋石油安全管理细则》规定，直升机甲板安全设施包括以下（　　）设备。

　　A. 防滑网　　　　　　　　　　　　B. 灯光
　　C. 消防设备　　　　　　　　　　　D. 应急工具

6. 根据《海洋石油安全管理细则》规定，设施应当制定以下（　　）制度，建立健全电气设备的维修操作、电焊操作和手持电动工具操作等安全规程，并严格执行。

　　A. 日常运行检查　　　　　　　　　B. 定期安全检查
　　C. 安全技术检查　　　　　　　　　D. 电气设备检修前后的安全检查

7. 根据《海洋石油安全管理细则》规定，作业者或者承包者及直升机所属公司，应当通过协商制订（　　）管理制度。

　　A. 飞行条件与应急飞行　　　　　　B. 乘机安全
　　C. 飞行事故报告　　　　　　　　　D. 载物安全和飞行故障

8. 根据《海洋石油安全管理细则》规定，作业者、承包者应当建立（　　）的领取和归还制度。

　　A. 放射性　　　　　　　　　　　　B. 便携式可燃气体探测仪
　　C. 爆炸性物品　　　　　　　　　　D. 通信设备

9. 《海洋石油安全生产规定》规定，海洋石油生产设施试生产前，应当完成以下（　　）工作。

　　A. 生产设施经发证检验机构检验合格，取得最终检验证书或者临时检验证书
　　B. 制订试生产的安全措施
　　C. 于试生产前 45 日报海油安办有关分部备案
　　D. 海油安办有关分部应对海洋石油生产设施的状况及安全措施的落实情况进行检查

10. 在中华人民共和国的内水、（　　）以及中华人民共和国管辖的其他海域内的海洋石油开采活动的安全生产，适用《海洋石油安全生产规定》。

　　A. 领海　　　　　　　　　　　　　B. 毗连区
　　C. 专属经济区　　　　　　　　　　D. 大陆架

11. 《海洋石油安全生产规定》规定，在海洋石油生产设施的（　　）阶段，实施发证检验制度。

　　A. 设计　　　　　　　　　　　　　B. 建造
　　C. 安装　　　　　　　　　　　　　D. 生产的全过程

12. 按照《海洋石油安全生产规定》规定，作业者和承包者编制应急预案应当包括（　　）等内容。

　　A. 作业者和承包者的基本情况　　　B. 通信联络
　　C. 应急组织机构　　　　　　　　　D. 应急响应

13. 按照《海洋石油安全生产规定》规定，作业者和承包者在编制应急预案时应充分考虑（　　）等因素。

　　A. 作业内容　　　　　　　　　　　　B. 作业海区的环境条件

　　C. 作业设施的类型　　　　　　　　　D. 自救能力和可以获得的外部支援

14. 按照《海洋石油安全生产规定》规定，海油安监办及其有关分部和相关部门接到事故报告后，应当（　　）。

　　A. 立即前往事故现场　　　　　　　　B. 组织事故抢救

　　C. 组织事故调查　　　　　　　　　　D. 先对事故单位进行责难

15. 按照《海洋石油安全生产规定》规定，事故和险情包括以下（　　）情况。

　　A. 井喷失控　　　　　　　　　　　　B. 火灾与爆炸

　　C. 平台遇险　　　　　　　　　　　　D. 飞机事故

16. 按照《海洋石油安全生产规定》规定，海洋石油作业设施包括（　　）。

　　A. 钻井船　　　　　　　　　　　　　B. 物探船

　　C. 铺管船　　　　　　　　　　　　　D. 起重船

17. 按照《海洋石油安全生产规定》规定，海洋石油生产设施包括（　　）。

　　A. 单点系泊　　　　　　　　　　　　B. 浮式生产储油装置

　　C. 海底管线　　　　　　　　　　　　D. 人工岛

18. 国家安全生产监督管理总局海洋石油作业安全办公室设立（　　）。

　　A. 海油分部　　　　　　　　　　　　B. 石油分部

　　C. 石化分部　　　　　　　　　　　　D. 中油分部

19. 海上石油作业安全救生培训包括（　　）培训内容。

　　A. 海上求生　　　　　　　　　　　　B. 海上急救

　　C. 平台（船舶）消防　　　　　　　　D. 救生艇筏操纵

　　E. 直升机遇难水下逃生

20. 企业申请变更安全生产许可证时，应当提交（　　）等文件和资料。

　　A. 变更申请书

　　B. 安全生产许可证正本和副本复印件

　　C. 变更后的工商营业执照、采矿许可证复印件

　　D. 变更说明材料

21. 国家应急管理部海洋石油安全监督管理办公室中油分部考试中心设（　　）三个考试点。

　　A. 大港考试点　　　　　　　　　　　B. 辽河考试点

　　C. 冀东考试点　　　　　　　　　　　D. 湛江考试点

22. 按照《海洋石油安全生产规定》规定，承担海洋石油（　　）的中介机构应当具备国家规定的资质。

A. 生产设施发证检验　　　　　　　　　　B. 专业设备检测检验

C. 安全评价　　　　　　　　　　　　　　D. 安全咨询

23. 在用的滩海陆岸石油设施在符合（　　）条件下，应进行专项安全评价。

A. 当环境条件发生变化，生产设施低于设计标准时

B. 环境条件和作业场所发生改变时

C. 发生事故，结构物严重受损需要重建、改建和修复时

D. 发生重大安全隐患，提出要求时

24. 滩海陆岸石油设施设计选用的滩海环境条件的重现期应根据（　　）等因素进行技术经济评价后确定。

A. 油气田的规模　　　　　　　　　　　　B. 设施的重要程度

C. 设备的尺寸与重量　　　　　　　　　　D. 环境资料

25. 滩海陆岸石油设施上应至少配备（　　）等救生设备。

A. 4个救生圈（带30m救生浮索），其中2个带自亮浮灯，2个带自发烟雾信号和自亮浮灯

B. 每人配备工作救生衣，在工作场所配备一定数量的工作救生衣或救生背心

C. 在寒冷海区，每位人员配备1件保温救生服

D. 配备供避难人员5d所需的救生食品、饮用水

26. 在滩海陆岸井台上，应设置暂避恶劣天气的应急避难房，应急避难房至少应符合（　　）等要求。

A. 能够容纳生产作业人员

B. 结构强度应比滩海陆岸井台高一个等级

C. 地面应高出挡浪墙1.0m

D. 应采取基础稳定、结构可靠的固定式钢筋混凝土结构或用移动式钢结构

27. 滩海陆岸石油设施的主管单位至少应建立但不限于（　　）等安全管理制度。

A. 安全生产责任制，安全汇报制度

B. 事故管理制度，安全会议制度

C. 安全培训教育制度，安全检查制度

D. 天气预报信息管理制度，安全应急程序和演习制度，进入滩海陆岸石油设施的门禁管理制度

28. 滩海陆岸石油设施应建立安全管理记录，包括但不限于（　　）等内容。

A. 大风或其他灾害性天气、海况等气象记录

B. 所配备的救生设备、属具、安全器材及其检测工具的维修、检查、更换记录

C. 班组安全管理记录，安全生产隐患整改记录

D. 设施受损记录

E. 特种设备管理档案

29. 在滩海通井路入口处至少应设置（　　）等组合式警告标志，"非生产车辆禁止通行"辅助标志或起落式挡车设施。

A."危险"　　　　　　　　B."过水路面"　　　　　　C."易滑"

D."注意横风"　　　　　　E."限制速度"

30. 遇到（　　）情况禁止车辆驶入滩海通井路。

A. 冰雪路滑

B. 雨、雾、沙尘暴天气，能见度在100m以内

C. 风力≥6级，高潮位距地面≤0.3m

D. 风力<6级，高潮位距地面≤0.2m

E. 风力≥8级

31. 在结冰水域作业应根据冰情，作业前应制订（　　）等防范措施。

A. 冰期对作业设施的危害

B. 冰期作业场所的限制条件

C. 冰期生产管理要求，各管理部门和现场作业者岗位职责

D. 冰期作业操作程序

E. 应急措施

32. 在结冰水域作业应根据冰清，作业前制订详细的防范措施，至少应包括以下（　　）内容。

A. 冰期对作业设施的危害

B. 冰期作业现场的限制条件

C. 冰期生产管理要求，各管理部门和现场作业者岗位职责

D. 冰期作业操作程序及应急措施

33. 用以确定设计环境条件的原始资料必须具有（　　）。

A. 可靠性　　　　　　　　　　　　　　B. 连续性

C. 针对性　　　　　　　　　　　　　　D. 代表性

34. 根据（　　）原则确定甲板上钻井、修井设备和（或）油（气）生产设备、公用和生活设施的布置，并确定甲板尺寸。

A. 满足安全、防火、消防、人员逃生和救生的需要

B. 满足生产作业的需要

C. 满足维修及事故处理的需要

D. 满足结构合理性的需要

E. 满足海上施工的需要

35. 应根据（　　）设置两处或多处甲板通道和甲板间梯道。

A. 甲板尺度大小　　　　　　　　　　　B. 生产作业

C. 人员逃生的需要　　　　　　　　　　D. 以上都不对

36. 人工岛的选址应满足勘探开发需要，充分考虑（　　）等影响结构稳定性的因素及航道安全等因素。
A. 冲沟发育区   B. 冲淤严重区
C. 全新世活动性断裂带   D. 以上选项都不正确

37. 人工岛的形状应根据（　　）因素确定。
A. 风向   B. 流向
C. 流冰方向   D. 以上选项都错误

第二章　安全生产管理知识

一、单项选择题

1. 下面标识的准确意义是什么？（　　）

A. 必须使用跌落保护用具
B. 必须穿救生衣
C. 必须穿防护服

2. 下面标识的准确意义是什么？（　　）

A. 必须佩戴防毒面具
B. 必须佩戴呼吸器
C. 必须佩戴护目镜

3. 下面标识的准确意义是什么？（　　）

A. 当心中毒
B. 当心感染
C. 当心腐蚀

4. 下面标识的准确意义是什么？（　　）

A. 喷淋站
B. 洗眼站
C. 沐浴站

5. 下面标识的准确意义是什么？（　　）

A. 带灯和烟雾信号的救生圈
B. 带灯和救生索的救生圈
C. 带烟雾信号和救生索的救生圈

6. 下面标识的准确意义是什么？（ ）

A. 工作服
B. 救生衣
C. 保温救生衣

7. 可造成人员死亡、伤害、职业病、财产损失或其他损失的意外事件称为（ ）。
A. 事故　　　　　　　B. 事件　　　　　　　C. 事情

8. 一般事故，是指造成（ ）人以下死亡的事故。
A. 3　　　　　　　　B. 5　　　　　　　　C. 10

9. 事故隐患分为（ ）事故隐患和重大事故隐患两类。
A. 轻微　　　　　　　B. 一般　　　　　　　C. 特别重大

10. 目前进行事故调查处理应坚持实事求是、尊重科学、（ ）、公正公开和分级管辖的原则。
A. 三不放过　　　　　B. 四不放过　　　　　C. 五不放过

11.《生产安全事故报告和调查处理条例》规定：造成人员伤亡或者直接损失事故一般分为（ ）等级。
A. 2　　　　　　　　B. 4　　　　　　　　C. 5

12.（ ）是人体摄入生产性毒物的最主要、最危险的途径。
A. 呼吸道　　　　　　B. 消化道　　　　　　C. 食道

13.（ ）是从根本上解决毒物危害的首选办法。
A. 密闭毒源
B. 采用无毒、低毒物质代替高毒、剧毒物质
C. 个体防护

14. 职业安全健康管理体系中计划与实施的内容有：运行控制、（ ）、初始评审。
A. 应急计划　　　　　B. 健康培训　　　　　C. 应急预案与响应

15. 劳动者离开用人单位时，（ ）索取本人职业健康监护档案原件。
A. 有权　　　　　　　B. 无权　　　　　　　C. 无法确定

16. 因生产安全事故受到损害的从业人员，在依法享有（ ）后，有权向本单位提出赔偿要求。
A. 医疗保险　　　　　B. 养老保险　　　　　C. 工伤社会保险

二、判断题

（在括号中回答"正确"或"错误"）

1. 故障树不仅能分析出事故的直接原因，而且能够深入揭示事故的潜在原因。（　）

2. 事故发生的可能性、暴露于危险环境的频率、危险严重程度、基本事件的基本结合均属于作业条件危险性评价。（　）

3. 生产经营单位评审和修订目标与管理方案的依据是法律、法规和其他要求。（　）

4. 根据经验和直观判断能力对生产系统的工艺、设备、设施、环境、人员和管理等方面的状况进行的分析评价是定性安全评价方法。（　）

5. 故障树分析是系统安全工程中找出需要的分析方法之一，它是从结果到原因描述事故发生的有方向的逻辑。（　）

6. 安全第一就是安全优先。管理的最根本目的就是要预防事故的发生。（　）

7. 在任何一个管理系统内部，管理手段、管理过程等必须构成一个连续封闭的回路，才能形成有效的管理活动，这就是系统原理中的封闭原则。（　）

8. 由于人们违背自然或客观规律，违反法律、法规、规章和标准等的各种行为而造成的事故属于伤亡事故。（　）

9. 为了预防重大工业事故的发生，降低事故造成的损失，必须建立有效的重大危险源控制系统。（　）

10. A 省 B 市 C 县某煤矿企业主要负责人和安全生产管理人员的安全培训工作应由 A 省煤矿安全监察机构组织。（　）

11. 安全生产方针及其任何修订均须告知企业所有员工。（　）

12. 从业人员在本单位调整作业岗位或离岗半年以上重新上岗，需重新接受三级教育。（　）

13. 安全生产方针应向关注组织的安全行为或受其安全行为影响的个人或团体进行传递。（　）

14. 对检查中发现的安全问题，应当立即处理；不能处理的，应当及时报告本单位有关负责人。（　）

15. 生产经营单位应当具备安全生产条件所必需的资金投入，对由于安全生产所必需的资金投入不足导致的后果承担责任。（　）

16. 企业在识别相关的法律、法规需求时应考虑：国家法律、法规，省、部委及地方法规，行业标准，国际惯例。（　）

17. 专业性安全检查表、厂级安全检查表、车间用安全检查表均属于安全检查表常用类型。（　）

18. 安全生产管理的目标是减少和控制危害，减少和控制事故，尽量避免生产过程中由于事故所造成的人身伤害、财产损失、环境污染以及其他损失。（　　）

19. 安全生产管理机构指的是生产经营单位中专门负责安全生产监督管理的内设机构，其工作人员都是专职或兼职安全生产管理人员。（　　）

20. 员工有权拒绝存在安全隐患的工作，即使经评估工作现场和条件满足安全健康环境要求，员工仍可以拒绝返回工作。（　　）

21. 当作业方式、新技术、新工艺应用发生变化时，企业应识别可能带来的风险。（　　）

22. 生产经营单位内部各职能部门及人员的安全生产责任制，由生产经营单位主要负责人组织制定，各职能部门负责人组织落实。（　　）

23. 安全生产责任制要求的横向到边是指所有职能部门都有相应的安全生产责任。（　　）

24. 生产经营单位的主要负责人是本单位安全生产的第一责任人，对安全生产工作全面负责，其他负责人协助搞好安全生产工作。（　　）

25. 我国安全生产方针中的综合治理强调的是标本兼治，重在治本。（　　）

26. 企业的相关方包括：供应商、承包商、客户或消费者、股东或投资者等。（　　）

27. 为了提高设备的本质安全度，在工业锅炉设计上，工程设计人员采用了安装安全阀的设计方案。这种设计理念属于设置薄弱环节。（　　）

28. 安全生产管理工作应做到预防为主。可以通过工程技术对策、教育对策和法制对策，有效地预防人的不安全行为和物的不安全状态。（　　）

29. 在生产经营活动中，因违章指挥造成事故的人员，应对事故负主要责任。（　　）

30. 我国工伤保险基金实行社会统筹，由生产经营单位和职工共同缴纳。（　　）

31. 事故发生后，组织调查处理按照"四不放过"的原则，严肃处理事故。（　　）

32. 安全生产许可证有效期为2年。（　　）

33. 企业已开展了作业风险评估，员工在进行电气操作时可直接操作，无需进行操作前的风险分析。（　　）

34. 有了安全并不意味着有了一切，但是没有安全就没有一切。（　　）

35. 根据终身教育的观念，生产经营单位应当对在岗的从业人员偶尔进行安全生产教育培训。（　　）

36. 急救员必须接受健康和急救知识培训，并持有专业管理部门颁发的急救合格证。（　　）

37. 安全生产的"五要素"是指安全文化、安全法制、安全责任、安全科技和安全投入。（　　）

38. 安全生产是关系到生产经营单位全员、全方位、全过程的大事。（　　）

39. 某从业人员通过安全教育培训，掌握了岗位操作规程，但因未遵守操作规程而造成事故，则该行为人应负直接责任。（　　）

40. 根据《劳动防护用品监督管理规定》，按照劳动防护用品的防护性能，将劳动防护用品分为甲级劳动防护用品、乙级劳动防护用品两大类。（　　）

41. 股份制企业、合资企业等安全生产投入资金由董事长予以保证。（　　）

42. 在工业生产中，要严格执行各种票证，没有作业许可票不得进行危险作业。（　　）

43. 用火管理中，企业规定一张火票仅限一处动火。（　　）

44. 采样分析合格的容器内作业，可不必安排监护人员，单独作业是允许的。（　　）

45. 在厂区内动土，必须提前一天申请办理动土票。（　　）

46. 营救触电人员时，救护人员可直接用手、干燥绝缘的工具作为救护工具。（　　）

47. 作业者和承包者应当建立守护船值班制度，在海洋石油生产设施和移动式钻井船（平台）周围应备有守护船值班。无人值守的生产设施和陆岸结构物除外。（　　）

48. 常用的安全评价方法包括：预先危险性分析法、危险指数评价法、故障树分析法和作业条件危险性评价法等。（　　）

49. 在国务院领导下国务院安全生产委员会负责全面统筹协调安全生产工作。（　　）

50. 《中华人民共和国安全生产法》在总结我国安全生产管理经验的基础上，将"安全第一、预防为主"规定为我国安全生产工作的基本方针。（　　）

51. 不得安排未经上岗前职业健康检查的劳动者从事接触性职业病危害因素的作业。（　　）

52. 高温作业环境对人体产生的作用涉及气温、气湿、气流和热辐射等多种因素。（　　）

53. 某企业在安全生产标准化建设过程中，重新修订了《安全生产责任制》，该制度应由企业分管安全负责人签发后实施。（　　）

54. 某氧化铝厂磨碎车间的一名电工调至焙烧车间工作，该电工调整工作岗位后的安全生产教育培训工作应由焙烧车间实施。（　　）

55. 用人单位强令劳动者违章冒险作业，发生重大伤亡事故，造成严重后果的，对责任人员依法追究刑事责任。（　　）

56. 事故发生后，单位负责人应于2h内向安全生产监督管理部门报告。（　　）

57. 对迟报或者漏报事故的生产经营单位负责人处以上一年年收入40%～80%的罚款。（　　）

58. 生产劳动防护用品的企业生产的特种劳动防护用品，必须取得特种劳动防护用品安全标志。（　　）

59. 特种作业人员的安全技术考核，应以实际操作技能考核为主。（　　）

60. 生产经营单位的特种作业人员必须按照国家有关规定经专门的安全作业培训，取得特种作业操作资格证书，方可上岗作业。（　　）

61. 在安全检查中，检查组应当对查出的隐患的整改落实进行复查，以实现安全检查工作的闭环。（　　）

62. 在生产经营单位的安全生产工作中，最基本的安全管理制度是安全生产目标管理制。（ ）

63. 班组长是安全生产法律法规和规章制度的直接执行者，岗位工人对本岗位的安全生产负直接责任。（ ）

64. 班组安全生产是搞好安全生产工作的关键。（ ）

65. 安全监督管理人员对本单位的安全生产负主要责任。（ ）

66. 风险的严重程度是不一样的，因此采取的措施也就各不相同，对风险进行分级，有助于安全措施的制订。（ ）

67. "三不伤害"是指不伤害自己、不伤害他人、不被他人伤害。（ ）

68. 疏散和救援属于为防止事故发生而采用的安全技术措施。（ ）

69. 重大危险源，是指长期地或者临时地生产、搬运、使用或者储存危险物品，且危险物品的数量超过或者等于临界量的单元（包括场所和设施）。（ ）

70. 危险化学品重大危险源的辨识依据是危险化学品的危险特性及其数量符合《危险化学品重大危险源辨识》（GB 18218—2018）的规定。（ ）

71. 辨识各类危险因素及其原因与机制属于重大危险源分析的内容。（ ）

72. 从安全生产的角度，危险源是指可能造成人员伤害、疾病、财产损失、作业环境破坏或其他损失的根源或状态。（ ）

73. 重大危险源评价以危险单元作为评价对象。（ ）

74. 风险管理的主要内容包括危险源辨识、风险评价、危险预警与监测、事故预防、风险控制及持续改进。（ ）

75. 生产经营单位进行爆破、吊装等危险作业，无需安排专门人员进行现场安全管理。（ ）

76. 为了加强对重大危险源控制系统的监管，对于新建项目中的重大危险、有害设施，企业应在该项目投入运行后提交重大危险源安全报告。（ ）

77. 生产经营单位应对重大危险源建立实时的监控预警系统。当被实时监测的危险源的各种参数超出正常值的界限时，如不采取应急控制措施，可能会引发火灾、爆炸及重大毒物泄漏事故，这种状态称为事故临界状态。（ ）

78. 偶然损失原则，事故后果及后果的严重程度，都是随机的难以预测的。反复发生的同类事故并不一定产生完全相同的后果。（ ）

79. 电路中的熔断丝、锅炉的熔栓等。它们在危险情况出现之前就发生破坏，从而释放或阻断能量，以保证整个系统的安全性是工程技术对策中的薄弱环节。（ ）

80. 生产经营单位在破产或者关闭前，可以不排除重大危险源。（ ）

81. 生产经营单位里发生的生产安全事故的原因是多方面的，但主要是"物的因素"。（ ）

82. 危险源与事故隐患是两个既有联系又有区别的概念。（　　）

83. 在检修设备时，应该在电气开关处挂上"禁止合闸"的警示标志。（　　）

84. 生产经营单位对重大危险源应当登记建档，进行定期检测、评估、监控，并制订应急预案。（　　）

85. 戴好安全帽的主要作用是防止物体打击。（　　）

86. 高处作业是指凡在坠落高度基准面3m以上，有可能坠落的高处行为作业。（　　）

87. 安全生产工作重点是防治物的不安全状态。（　　）

88. 人的安全可靠性指标包括：心理因素、生理因素、内部环境技术因素。（　　）

89. 按照起重作业的有关规定，吊物下面有人不准吊，但吊面站人可以吊。（　　）

90. 危险源辨识从设备设施的不安全状态、人的不安全行为、作业环境和条件、管理上的缺陷来分析识别危险源。主要方法有对照、经验法、类比方法、系统安全分析方法。（　　）

91. 在管理中必须把人的因素放在首位，体现以人为本的指导思想，这是人本原理。（　　）

92. 根据国家规定，安全色为红、黄、蓝、绿四种颜色。其中黄（警告）色引人注目，主要用于指令必须遵守的规定标志。（　　）

93. 从长远观点来看，低成本、低效率的预防措施是减少事故损失的关键。（　　）

94. 高处作业过程中，高处坠落和物体打击事故最多，是安全防护工作的重点。（　　）

95. 漏电保护装置主要用于防止中断供电。（　　）

96. 事故调查一般属于计划外应急性调查。（　　）

97. 用人单位违反《中华人民共和国职业病防治法》规定，造成重大职业病危害事故或者其他严重后果，构成犯罪的，对直接负责的主管人员和其他直接责任人员，依法追究刑事责任。（　　）

98. 按一次职业病危害事故所造成的危害严重程度，职业病危害事故中的特大事故是指：发生急性职业病50人以上或者死亡5人以上，或者发生职业性炭疽5人以上的。（　　）

99. 船舶发生事故造成或者可能造成水体污染的，海事管理机构应当组织强制打捞清除或者强制拖航，费用由肇事船方负担。（　　）

100. 发生电气设备火灾，如果附近没有灭火器，可以用水扑救。（　　）

101. "机械设备带病运转""使用安全装置失灵"，往往都是导致事故发生的管理因素。（　　）

102. 因抢救人员、防止事故扩大以及疏通交通等原因，需要移动事故现场物件的，应当做出标志，但不需要绘制现场简图及做出书面记录。（　　）

103. 因事故导致产值减少、资源破坏和受事故影响而造成其他损失的价值称为间接经济损失。（　　）

104. 通用机械的急停装置可以用来代替安全防护措施和其他安全功能。（　　）

105. 大量事故统计表明，环境的不良、能量控制失效、工艺设备故障是引发事故发生的三大原因。（　　）

106. 在事故应急管理过程中，工厂选址的安全规划属于应急管理的预防过程。（　　）

107. 生产安全事故调查报告报送负责事故调查的安全生产监督管理部门批准后，事故调查工作即告结束。（　　）

108. 有关机关应当按照对事故调查报告的批复，依照法律、行政法规规定的权限和程序，对事故发生单位进行行政处罚。（　　）

109. 防止特大事故的第一步是以重大危险源辨识标准为依据，确认或辨识重大危险源。（　　）

110. 从业人员发现直接危及人身安全的紧急情况时，有权停止作业或者在采取可能的应急措施后撤离作业场所。（　　）

111. 《生产安全事故报告和调查处理条例》规定：特别重大事故是指造成30人以上死亡，或者100人以上重伤（包括急性工业中毒），或者1亿元以下直接经济损失的事故。（　　）

112. 造成1000万元以上5000万元以下的直接经济损失的事故为较大事故。（　　）

113. 《生产安全事故报告和调查处理条例》规定，事故发生单位主要负责人受到刑事处罚或者撤职处分的，自刑罚执行完毕或者受处分之日起3年内不得担任任何生产经营单位的主要负责人。（　　）

114. 未造成人员伤亡的一般事故，县级人民政府可以委托事故发生单位组织事故调查组进行调查。（　　）

115. 工会依法参加事故调查处理，但无权向有关部门提出处理意见。（　　）

116. 事故发生后，有关单位和人员应当妥善保护事故现场以及相关证据，任何单位和个人不得破坏事故现场、毁灭相关证据。（　　）

117. 事故发生单位的负责人和有关人员在事故调查期间不得擅离职守，并应当随时接受事故调查组的询问，如实提供有关情况。（　　）

118. 事故发生单位主要负责人迟报或者漏报事故的，处上一年年收入10%～50%的罚款。（　　）

119. 操作体位不良属于劳动过程有关的职业病危害因素。（　　）

120. 建设项目"三同时"管理属于一般安全监察基本内容。（　　）

121. 对接触有害作业的新工人，上岗前应开展就业前健康检查。（　　）

122. 职业健康风险评估的结果可应用于制订职业卫生监测计划。（　　）

123. 职业健康系统单元共包括职业健康管理、急救设施及药品控制管理两个要素。（　　）

124. 企业为确保员工的健康隐私不外泄，不应建立员工的健康档案。（　　）

125. 职业健康检查和监测记录属于安全生产风险管理体系运行数据与记录。（   ）

126. 按体系要求，以下职位应由最高管理者进行书面任命：安全区代表、内部审核员、事故／事件调查员、专职医生、职业卫生员、专职护士。（   ）

127. 劳动保护的对象首先是保护从事生产的劳动者。（   ）

128. 影响人的身体健康，导致疾病或对物造成慢性损害的因素，称为有害因素。（   ）

129. 职业安全健康管理体系的核心都是为生产经营单位建立一个动态循环的过程，以持续改进的思想指导生产经营单位系统地实现其既定的目标。（   ）

130. 职业危害度评价所需要的基础资料可归纳为三个方面，即毒理学资料、流行病学资料、接触水平资料。（   ）

131. 医疗机构建设项目可能产生放射性职业病危害的，建设单位应当向卫生行政部门提交放射性职业病危害预评价报告。卫生行政部门应当自收到预评价报告之日起六十日内，作出审核决定并书面通知建设单位。（   ）

132. 职业健康安全管理体系是职业健康安全管理的一种方式。对于尚未建立职业健康安全管理体系的生产经营单位，初始评审可作为其建立职业健康安全管理体系的基础。（   ）

133. 在工作场所中接触职业危害的工人，其职业健康检查的项目及周期应根据工人所接触的职业危害因素类别、国家规定的职业健康检查项目及周期决定。（   ）

134. 职业危害因素监测的监测记录应当准确、完整并归档保存。（   ）

135. 用人单位应当优先采用有利于防治职业病和保护劳动者健康的新技术、新工艺、新设备、新材料，逐步替代职业病危害严重的技术、工艺、设备、材料。（   ）

三、多项选择题

1. PDCA 又称为戴明循环的管理思想，以下说法正确的是（   ）。
A. P 计划   B. D 执行
C. C 检查   D. A 处理

2. 三级安全教育，包括（   ）。
A. 厂（矿）安全教育   B. 车间（工段、区、队）安全教育
C. 班组安全教育   D. 个人安全教育

3. 生产经营单位应当向从业人员如实告知以下哪些内容（   ）。
A. 作业场所和工作岗位存在的危险因素   B. 危险防范措施
C. 事故应急措施   D. 人际关系

4. 事故调查"四不放过"的原则是指（   ）。
A. 事故原因未查清不放过   B. 事故责任人未处理不放过
C. 事故责任人和相关人员没有受到教育不放过   D. 未采取防范措施不放过

5. 安全生产的"五要素"是指（　　）。
A. 安全文化
B. 安全法制
C. 安全责任
D. 安全科技
E. 安全投入

6. 造成人的不安全行为和物的不安全状态的原因可归结为四个方面，分别为（　　）。
A. 技术原因
B. 教育原因
C. 身体和态度原因
D. 管理原因

7. 所谓的"3E"原则，分别指（　　）。
A. 工程技术对策
B. 教育对策
C. 法制对策
D. 以上答案都不对

8. 属于采取设置薄弱环节的工程技术对策是（　　）。
A. 电路中的熔断丝
B. 锅炉的熔栓
C. 安全阀
D. 旋转部位保护罩

9. 生产经营单位对重大危险源应当登记建档，进行定期（　　）。
A. 检测
B. 评估
C. 监控
D. 制订应急预案

10. 根据国家规定，安全色为（　　）四种颜色。
A. 红
B. 黄
C. 蓝
D. 绿

11. "三不伤害"是指（　　）。
A. 不伤害自己
B. 不伤害他人
C. 不被他人伤害
D. 不损坏设备

12. 危险源是指可能造成（　　）或其他损失的根源或状态。
A. 人员伤害
B. 疾病
C. 财产损失
D. 作业环境破坏

13. 按一次职业病危害事故所造成的危害严重程度，职业病危害事故中的特大事故是指（　　）。
A. 发生急性职业病50人以上
B. 死亡5人以上
C. 发生职业性炭疽5人以上的
D. 死亡1~3人

14. 根据生产安全事故造成的人员伤亡或者直接经济损失，重大事故是指造成（　　）的事故。
A. 10人以上30人以下死亡
B. 50人以上100人以下重伤
C. 5000万元以上1亿元以下直接经济损失
D. 5人以下死亡

15. 根据生产安全事故造成的人员伤亡或者直接经济损失，一般事故是指造成（　　）的事故。

A. 3 人以下死亡　　　　　　　　　　B. 10 人以下重伤

C. 1000 万元以下直接经济损失　　　　D. 10 人以下死亡

16. 事故隐患按照其可能造成的事故性质和危害程度共分三类，分别是（　　）。

A. 一般性事故隐患　　　　　　　　　B. 重大事故隐患

C. 特别重大事故隐患　　　　　　　　D. 非常重大事故隐患

17. 目前进行事故调查处理应坚持（　　）的原则。

A. 实事求是　　　　　　　　　　　　B. 尊重科学

C. 四不放过　　　　　　　　　　　　D. 公正公开和分级管辖的原则

第三章 安全生产技术

一、单项选择题

1. 各单位应按规定标准（　　）提取安全生产费用。
   A. 每月　　　　　　B. 季度　　　　　　C. 半年

2. 煤矿、非煤矿山、危险化学品、烟花爆竹、金属冶炼等生产经营单位主要负责人和安全生产管理人员初次安全培训时间不得少于（　　）学时，每年再培训时间不得少于 16 学时。
   A. 16　　　　　　　B. 32　　　　　　　C.48

3. 存放油漆等易燃易爆物品的室内库房电线开关和灯均应是（　　）型的。
   A. 防水　　　　　　B. 隔水　　　　　　C. 防爆

4. 使用水基灭火器时，应射向（　　）位置才能有效将火扑灭。
   A. 火源底部　　　　B. 火源中间　　　　C. 火源顶部

5. 当存在静电火花的危险时，所有金属设备、装置外壳，金属管道、支架、构件、部件等一般应采用（　　）。
   A. 相互连接　　　　B. 静电直接接地　　C. 绝缘

6. 按照海洋石油设施不同区域的危险性，划分三个等级的危险区，其中 0 类危险区是指在正常操作条件下，（　　）出现达到引燃或者爆炸浓度的可燃性气体或者蒸气的区域。
   A. 断续　　　　　　B. 周期性　　　　　C. 连续

7. 海上石油设施配备的刚性全封闭机动耐火救生艇能够容纳自升式和固定式设施上的总人数，或者浮式设施上总人数的（　　）。
   A. 200%　　　　　　B. 150%　　　　　　C. 100%

8. 火灾自动报警系统有三种形式：区域报警系统、（　　）、控制中心报警系统。
   A. 井口报警系统　　B. 舱室报警系统　　C. 集中报警系统

9. 严禁在厂内施工用火和生活用火，确需动火时（　　）。
   A. 不需办理动火证　B. 须办理动火证　　C. 需办理通行证

10. 发生火灾后，（　　）有权根据需要封闭火灾现场，负责调查火灾原因，统计火灾损失。
    A. 消防救援机构　　B. 事故责任单位　　C. 事故责任人员

11. 带电灭火不能直接用下述哪种灭火器（　　）。

A. 喷射水流、泡沫灭火器

B. 二氧化碳、干粉灭火器

C. 干粉和四氯化碳灭火器

12. 采用（　　）是针对各种变配电装置，预防雷电侵入波的主要措施。

A.（阀型）避雷器　　　　B. 避雷针　　　　　　C. 避雷带

13. 在电气设备绝缘保护中，符号"回"是（　　）的辅助标记。

A. 基本绝缘　　　　　　B. 双重绝缘　　　　　C. 功能绝缘

14. 超过（　　）的临时用电，不能按照临时用电规范进行管理，应按照相关工程设计规范配置线路。

A. 15 天　　　　　　　　B. 1 个月　　　　　　C. 6 个月

15. 受限空间内气体取样和检测应由（　　）进行。

A. 作业人员　　　　　　B. 领导指定人员　　　C. 培训合格的人员

二、判断题

（在括号中回答"正确"或"错误"）

1. 闪点是表示易燃易爆液体燃爆危险性的一个重要指标，闪点越高，爆炸危险性越大。（　　）

2. 在有爆炸危险的场所，一般作业人员不应参与现场的应急处理，应紧急撤离现场。（　　）

3. 海洋石油生产设施的发证检验包括建造检验和生产期检验（或生产过程中的定期检验和临时检验）。（　　）

4. 指挥人员负责对可能出现的事故采取必要的防范措施。（　　）

5. 情况特殊时，可超负荷使用起重机与工具和索具。（　　）

6. 在接零系统中，也允许个别设备采用保护接地。（　　）

7. 电击是指电流对人体内部组织的伤害，是最危险的一种伤害。（　　）

8. 进入受限空间作业可以用纯氧进行置换。（　　）

9. 如发生紧急情况，需进入受限空间进行救援时，应当明确监护人员与救援人员的联络方法。救援人员应当佩戴相应的防护装备，必要时，携带气体防护装备。（　　）

10. 受限空间的有害环境中空气的氧含量可以低于 18% 或超过 25%。（　　）

11. 防坠落护具是一种特殊劳动防护用品，主要应用于高处作业。（　　）

12. 夜间进行的高处作业为特殊高处作业。（ ）

13. 防喷器所用的橡胶密封件应当按厂商的技术要求进行维护和储存，不得将失效和技术条件不符的密封件安装到防喷器中。（ ）

14. 在进行机械安全风险评价时，对于那些可能导致最严重的损伤或对健康的危害，如果发生概率极低，就可以不必考虑。（ ）

15. 佩戴的安全帽，要有颏下系带和后帽箍并拴牢，以防帽子滑落与碰掉。（ ）

三、多项选择题

1. 所谓"事故四不放过"原则是指（   ）。
A. 整改措施没有落实不放过　　　　　　B. 有关人员未受到教育不放过
C. 事故责任者没有受到处理不放过　　　D. 事故原因没有查清楚不放过

2. 热源隔离的方法有（   ）。
A. 拆卸隔离法　　　　　　　　　　　　B. 双截断加放泄隔离法
C. 单截断阀隔离　　　　　　　　　　　D. 截断加盲板法

3. 胸外心脏按压的要点是（   ）。
A. 找准按压点　　　　　　　　　　　　B. 按压姿势正确无误
C. 按压力度不宜过大，胸廓下陷 4～5cm 为宜　　D. 按压要快，越快越好

4. 现场止血的方法有（   ）。
A. 加压包扎法　　　　　　　　　　　　B. 指压止血法
C. 扎止血带法　　　　　　　　　　　　D. 捆绑铁丝法

5. 可燃物质发生不完全燃烧的条件是（   ）。
A. 空气不足　　　　　　　　　　　　　B. 通风条件不好
C. 湿度高　　　　　　　　　　　　　　D. 着火源能量不足

6. 公共娱乐场所的火灾危险性有（   ）。
A. 室内装饰、装修使用大量可燃材料
B. 用电设备多，着火源多，不易控制
C. 人员集中，疏散困难，易造成人员重大伤亡
D. 发生火灾蔓延快，扑救困难

7. 漂白粉在遇到下列哪种物质后会引起燃烧（   ）。
A. 汽油　　　　　　　　　　　　　　　B. 钢铁
C. 水　　　　　　　　　　　　　　　　D. 干草

8. 救生衣应具备（   ）等几方面的要求。
A. 耐火性要求　　　　　　　　　　　　B. 浮力要求

C. 尺寸要求　　　　　　　　　　　　D. 数量要求

9. 海上求生中遇到的主要困难（　　　）。
A. 溺水　　　　　　　　　　　　　　B. 缺水
C. 缺粮　　　　　　　　　　　　　　D. 寒冷

10. 救生艇筏上淡水的储量是（　　　）。
A. 救生艇上每人 3L
B. 救生艇上淡水能支持人员使用 6 天
C. 救生筏上每人 1.5L
D. 救生筏上淡水能支持人员使用 3 天

11. 人工呼吸的要点有（　　　）。
A. 快速吹气以达到效果　　　　　　　B. 捏紧患者的鼻子
C. 确保胸廓有起伏　　　　　　　　　D. 吹气时仍要打开气道

12. 给患者绷扎时，（　　　）最好露在外面，必须观察肢体血液循环情况。
A. 指端　　　　　　　　　　　　　　B. 趾端
C. 腹　　　　　　　　　　　　　　　D. 颅脑

13. 灭火的基本方法有（　　　）四种。
A. 窒息法　　　　　　　　　　　　　B. 抑制法
C. 冷却法　　　　　　　　　　　　　D. 隔离法

14. 我国压力容器按照设计工作压力可分为（　　　）四个等级。
A. 低压　　　　　　　　　　　　　　B. 中压
C. 高压　　　　　　　　　　　　　　D. 超高压

15. 严禁在（　　　）从事高处作业。
A. 六级及以上大风条件下　　　　　　B. 雷电、暴雨、大雾等气象条件下
C. 40℃及以上高温环境下　　　　　　D. -20℃及以下寒冷环境下

第四章 案例分析与经验交流

一、单项选择题

1. 2006年2月17日，某平台生活区105室卫生间烟雾探头被触发报警，平台总监和电气师赶到现场发现电热水器冒出浓烟并有明火，外罩落在2m远的地板上，热水器控制系统着火，他俩确定热水器电源关闭后，迅速扑灭现场。电器着火时下列不能使用的灭火方法是（   ）。

   A. 用四氯化碳灭火器灭火

   B. 用沙土灭火

   C. 用泡沫灭火器灭火

2. 某公司董事长由上一级单位总经理张某兼任，张某长期在外地，不负责该公司日常工作。该公司总经理安某在国外脱产学习，期间日常工作由常务副总经理徐某负责，分管安全生产工作的副总经理姚某协助其工作。根据《中华人民共和国安全生产法》有关规定，此期间对该公司的安全生产工作全面负责的人是（   ）。

   A. 安某　　　　　　B. 张某　　　　　　C. 徐某

3. 某化工厂委托一家安全生产服务机构为本单位提供安全生产管理服务，在这种情况下，保证该厂安全生产的责任（   ）。

   A. 仍由该厂负责

   B. 由接受委托的安全生产服务机构负责

   C. 主要由接受委托的安全生产服务机构负责，该厂承担相应责任

4. 王某为某国有石油开采企业的主要负责人，下列关于王某在安全生产方面的职责表述中，不正确的是（   ）。

   A. 组织制定本单位的安全生产规章制度

   B. 组织制订本单位的事故应急救援预案

   C. 亲自为职工讲授安全生产培训课程

5. 某石油管道企业共有基层员工83人，管理人员15人，依据《中华人民共和国安全生产法》的规定，下列关于该企业安全生产管理机构设置和安全生产管理人员配备的说法，正确的是（   ）。

   A. 该企业可根据需要，自主决定是否设置安全生产管理机构、配备安全生产管理人员，这是其经营主权范围内的事

B. 该企业规模较小，配备兼职安全生产管理人员就可以了

C. 该企业应当设置安全生产管理机构或者配备专职安全生产管理人员

6. 吉林省长春市某公司发生的特别重大火灾爆炸事故，共造成121人死亡，76人受伤。造成重大人员伤亡的主要原因之一是主厂房内逃生通道复杂，且部分安全出口闭锁。根据《中华人民共和国安全生产法》关于生产经营场所和员工宿舍的说法，错误的是（　　）。

  A. 危险品存储仓库不得与员工宿舍在同一座建筑物内

  B. 生产危险物品的车间应当与员工宿舍保持安全距离

  C. 在夜间可以闭锁、封堵员工宿舍出口

7. 某煤矿企业的主要负责人李某未履行《中华人民共和国安全生产法》规定的安全生产管理职责，导致发生生产安全事故，给予撤职处分，并在（　　）年内不得担任任何生产经营单位的主要负责人。

  A. 2　　　　　　　　B. 3　　　　　　　　C. 5

8. 樊某是一家化工厂的车间加料工，在工作中由于意外造成身体损害，除依法享有工伤保险外，依照有关民事法律上有获得赔偿的权利的，有权向（　　）提出赔偿要求。

  A. 本单位

  B. 安全生产监督管理部门

  C. 工伤保险经办机构

9. 某建筑企业，企业经理为法定代表人，没有现场安全生产管理负责人。该企业在其注册地的某项施工过程中，发生吊臂脱落事故，三人死亡，一人重伤。事故造成的损失包括：医疗费用（含护理费）45万元，丧葬及抚恤费60万元，处理事故和现场抢救费用28万元，设备损失200万元，停产损失150万元。根据上述情况描述，此次事故的直接经济损失为（　　）。

  A. 45万元　　　　　B. 105万元　　　　　C. 333万元

10. 某企业吊装作业工程中，发生吊臂防滑板开焊，造成吊臂脱落事故，三人死亡，一人重伤。根据《企业职工伤亡事故分类》（GB 6441—1986），该事故的类别应为（　　）。

  A. 物体打击　　　　B. 机械伤害　　　　C. 起重伤害

11. 在有爆炸危险的环境中动火，应对空气进行取样分析，取样时间与作业的时间不得超过（　　）。

  A. 2min　　　　　　B. 30min　　　　　　C. 2h

12. 2010年5月10日8时，B工程公司人员甲乙两人受公司指派到C炼油厂污水处理车间疏通堵塞的污水管道。两人未到C炼油厂进行办理任何手续就开始作业，甲下到3m多深的污水井内用水桶清理污泥，乙在井口用绳索向上提。当日11时左右，当甲再次沿爬梯到井底时，突然倒地。事故调查人员测得井底甲烷含量2.7%，硫化氢含量850mg/m³。进入C炼油厂污水井内清污作业需办理（　　）。

A. 动火作业许可证

B. 受限空间作业许可证

C. 管道作业许可证

13. 2010 年 5 月 10 日 8 时，B 工程公司人员甲乙两人受公司指派到 C 炼油厂污水处理车间疏通堵塞的污水管道。两人未到 C 炼油厂进行办理任何手续就开始作业，甲下到 3m 多深的污水井内用水桶清理污泥，乙在井口用绳索向上提。当日 11 时左右，当甲再次沿爬梯到井底时，突然倒地。事故调查人员测得井底甲烷含量 2.7%，硫化氢含量 850mg/m³。该起事故导致甲、乙死亡的直接原因是（　　）。

A. 盲目施救　　　　　B. 窒息　　　　　C. 中毒

14. 2004 年 10 月 9 日，某平台下午 2 时 10 分控制房中的火气系统显示钻井办公室的一个热感探头报警，同时平台的公共通话系统喇叭报火警，平台生产随即关断。平台随即启动应急响应，2 时 26 分将钻井办公室火扑灭。事故调查发现，钻井办公室一风扇老化过热引起这场火灾。热感探头探测在空气中散发的热量的（　　）。

A. 上升温度　　　　　B. 上升压力　　　　　C. 上升速度

15. 某平台将电潜泵机组起出钻台之后，一承包商在切割电潜泵电缆和控制线后，该员工决定使用割管器切断管线，有液体泄漏到钻台上，液体（乙酸）通过棉手套滴到了他的手上使其左手发生化学灼伤。受伤者立刻用清水冲洗后就医。根据《企业职工伤亡事故分类》(GB 6441—1986)，该事故的类别应为（　　）。

A. 灼烫　　　　　　B. 中毒　　　　　C. 物体打击

二、判断题

（在括号中回答"正确"或"错误"）

1. 2007 年 7 月 15 日，某化工厂发生爆炸起火事故，导致死亡 35 人、重伤 5 人、轻伤 12 人、直接经济损失 800 多万元。按照《生产安全事故报告和调查处理条例》的规定，该起事故属于特别重大事故。（　　）

2. 2014 年 8 月，某金属制品公司抛光二车间发生特别重大铝粉尘爆炸事故，当天造成 75 人死亡、185 人受伤。按照《企业职工伤亡事故分类标准》该事故类别属于其他爆炸事故。（　　）

3. 某起事故因人身伤亡所支出的费用是 640 万元，善后处理费用是 130 万元，财产损失价值达 280 万元，停产、减产损失价值 20 万元，资源损失价值 30 万元。这起事故的直接经济损失是 1100 万元。（　　）

4. 某化工厂 3 名机械工人在没有作业许可的情况下，利用乙炔割炬在硫酸罐底部开孔放水，硫酸罐发生爆炸，废除的硫酸罐顶从空中下落，当场砸死 2 人，另 1 人身负重

伤，通往医院途中死亡。这起事故按照事故性质分类构成非责任事故。（　　）

5. 某危险化学品生产企业，北区建有库房，南区通过氧化反应生产脂溶性剧毒危险化学品A，中区为办公室。为扩大生产，计划在北区新建工程项目。该企业要取得安全生产许可证应进行安全现状评价。（　　）

6. 某危险化学品生产企业，北区建有库房，南区通过氧化反应生产脂溶性剧毒危险化学品A，中区为办公室。为扩大生产，计划在北区新建工程项目。建立、健全本企业的安全生产责任制是该单位安全管理人员的责任。（　　）

7. 某化工厂3名机械工人在没有作业许可的情况下，利用乙炔割炬在硫酸罐底部开孔放水，准备接出第二个硫酸罐管道，焊工点燃割炬着火的瞬间，硫酸罐发生爆炸，废除的硫酸罐顶从空中下落，当场砸死2人，另1人身负重伤，送往医院途中死亡。根据《中华人民共和国安全生产法》的规定，事故调查处理应当按照科学严谨、依法依规、实事求是、注重实效的原则进行。（　　）

8. 某承包商领队准备在某平台进行脚手架架设作业，该项作业应该选择开具热工作业许可证。（　　）

9. 2008年10月，某平台模块钻机连接调试项目，一焊工在切割作业时，正在使用的乙炔管线破裂着火，看火人员立刻去关闭乙炔和氧气气瓶，由于500mm的火焰持续2s，烧到焊工，导致焊工左侧脸部轻微烧伤（Ⅰ度，面积1.6%）。根据《企业职工伤亡事故分类》（GB 6441—1986），该事故的类别应为火灾。（　　）

10. 2010年10月1日，某终端承包商员工邹某在制冷单元二层平台进行阀门密封压盖锈蚀螺栓的更换作业，当进行到第六个阀门卸掉压盖螺栓时，阀杆弹出，击中其面部，经抢救无效死亡。根据《企业职工伤亡事故分类》（GB 6441—1986），该事故的类别应为物体打击。（　　）

11. 生产经营单位甲公司，委托乙机构为其提供全面的安全生产技术、管理服务，保证安全生产的责任由乙机构负责。（　　）

12. 某石油开采企业一台新设备投入使用，按照《中华人民共和国安全生产法》的规定必须了解、掌握其安全技术特性，采取有效的安全防护措施，并对从业人员进行专门的安全生产教育和培训。（　　）

13. 某平台将电潜泵机组起出钻台之后，一承包商切割电潜泵电缆和控制线，在割断之后，该员工决定使用割管器切断管线，有液体泄漏到钻台上，液体（乙酸）通过棉手套滴到了他的手上使其左手发生化学灼伤，受伤者立刻用清水冲洗后就医。为了避免类似的事故的发生，工作人员应该佩带橡胶手套。（　　）

14. 2006年5月19日，在一条长输管线的阀室施工场地，一分包商小型打夯机的操作工由于电源线断了，打夯机操作工在重新连接380V的电源线的过程中触电身亡。关于电流途径人体最危险的路径是左手到前胸。（　　）

15. 2006年3月7日,一名在储罐内进行珍珠岩保温层填充作业的工人,在进入储罐后,储罐内灯光突然熄灭了。当时这名工人站在这个区域内,没有佩戴安全带。在停电后,他通过对讲机把情况告知了罐外面的监督。监督指示他在原地不要动。在黑暗中这名工人没有遵从监督的指令,意外地坠落到保温层夹缝中造成死亡。本案例导致人员伤亡的直接原因是高处坠落。(   )

三、多项选择题

1. 某起事故因人身伤亡所支出的费用是 640 万元,善后处理费用是 130 万元,财产损失达 280 万元,停产、减产损失价值 20 万元,资源损失价值 30 万元。这次事故属于直接经济损失是(   )。

   A. 人身伤亡所支出的费用   B. 善后处理费用
   C. 财产损失   D. 停工减产

2. 1988 年 7 月 6 日,英国北海阿尔法平台爆炸事故震惊世界,造成了巨大的人员伤亡和经济损失。在进行事故原因分析中,作业许可制度被认为是导致此次事故发生的最重要的原因之一。下面关于作业许可证内容的说法,正确的是(   )。

   A. 作业许可证规定了工作范围
   B. 作业许可证包括危害和风险识别,以及风险控制措施
   C. 作业许可证将工作和别的相关操作联系起来
   D. 作业许可证能够确保工作安全

3. 1988 年 7 月 6 日,英国北海阿尔法平台爆炸事故震惊世界,造成了巨大的人员伤亡和经济损失。在进行事故原因分析中,作业许可制度被认为是导致此次事故发生的最重要的原因之一。下面关于作业许可证的说法,正确的是(   )。

   A. 作业许可证必须在作业前开始签发
   B. 作业许可证签发过超过 2h 没有开始作业,则必须为该作业重新申请许可证
   C. 作业许可证的有效期一般是 12h,任何情况都不允许延长
   D. 任何情况下,作业许可证都不能重新签发

4. 某城市煤矿发生瓦斯爆炸事故,事故造成 29 人死亡。该煤矿雇工在安全生产方面享有的权利有(   )。

   A. 有权了解其工作场所和工作岗位存在的危险因素、防范措施和事故应急措施
   B. 有权拒绝违章指挥
   C. 发现直接危及人身安全的紧急情况时,有权停止工作,撤离作业场所
   D. 因安全事故受到伤害的从业人员,除依法享有工伤保险外,尚有获得赔偿的权利
   E. 无权拒绝矿方的强令冒险作业

5. 某城市煤矿发生瓦斯爆炸事故,事故造成 29 人死亡。该煤矿雇工在安全生产方面

应尽的义务是（　　）。

A. 应当严格遵守本单位的安全生产规章制度和操作规程

B. 应当服从管理，正确佩戴和使用劳动保护用品

C. 接受安全生产教育和培训

D. 发现事故隐患或其他不安全因素，立即报告

E. 当工友遇到危险时，有无条件施救的义务

6. 某城市煤矿发生瓦斯爆炸事故，事故造成29人死亡。该煤矿负责人在事故发生后，应该做的工作是（　　）。

A. 立即上报有关部门

B. 组织人员抢救伤员，减少事故损失

C. 和伤亡者签订赔偿协议，减轻其承担责任

D. 为防止死亡旷工家属的追逃，可以躲避起来

E. 立即转移账户上的资金

7. 某化工厂3名机械工人在没有作业许可的情况下，利用乙炔割炬在硫酸罐底部开孔放水，硫酸罐发生爆炸，废除的硫酸罐顶从空中下落，当场砸死2人，另1人身负重伤，送往医院途中死亡。在利用乙炔割炬切个钢材时，应注意氧气瓶的阀门和氧气带等处严禁黏附（　　）。

A. 水
B. 污物
C. 油漆
D. 油脂

8. 某危险化学品生产企业，北区建有库房，南区通过氧化反应生产脂溶性剧毒危险化学品A，中区为办公室。为扩大生产，计划在北区新建工程项目。为了防止危险化学品爆炸事故的再次发生，该企业可以采取的措施有（　　）。

A. 安装安全监控系统
B. 进行危险源辨识
C. 开展风险评价
D. 准备充足的医疗救护设备

9. 某储运公司有8个库房，一号仓库存放双氧水5t，4号仓库存放硫化钠10t、过硫酸铵40t、高锰酸钾10t、硝酸铵130t、洗衣粉50t；6号仓库存放硫黄15t、甲苯4t、甲酸乙酯10t。甲苯挥发爆炸的基本要素包括（　　）。

A. 甲苯蒸气与空气混合浓度达到爆炸极限
B. 环境相对湿度超过50%
C. 开放空间
D. 点火源

10. 某储运公司有8个库房，一号仓库存放双氧水5t，4号仓库存放硫化钠10t、过硫酸铵40t、高锰酸钾10t、硝酸铵130t、洗衣粉50t；6号仓库存放硫黄15t、甲苯4t、甲酸乙酯10t。根据相关法律法规，下列物质中，目前在我国属于危险化学品的有（　　）。

A. 高锰酸钾
B. 硝酸铵
C. 甲苯
D. 甲酸乙酯

11. 某化学品公司，生产的原料是甲苯、二甲苯，储存在危险品仓库内。甲苯储存火灾应选用（　　）灭火剂。

A. 水　　　　　　　　　　　　　　B. 泡沫

C. 干粉　　　　　　　　　　　　　D. 二氧化碳

12. 2008年10月，某平台模块钻机连接调试项目一焊工在切割作业时，正在使用的乙炔管线破裂着火，看火人员立刻去关闭乙炔和氧气气瓶，由于500mm的火焰持续2s，吹伤焊工，导致焊工左侧脸部轻微烧伤（Ⅰ度，面积1.7%）。下面关于该事故原因分析正确的是（　　）。

A. 工具缺陷：使用的着火软管已经一年多，外部老化龟裂

B. 个人违规：未按照要求取得作业许可证

C. 关键的安全习惯没有得到正确的确认

D. 缺乏对工作场所和作业危险的鉴定

13. 2010年5月10日8时，B工程公司人员甲乙两人受公司指派到C炼油厂污水处理车间疏通堵塞的污水管道。进入C炼油厂污水井内清污作业时，应佩戴的劳动防护用品包括（　　）。

A. 安全帽　　　　　　　　　　　　B. 空气呼吸器

C. 防护手套　　　　　　　　　　　D. 耳塞

14. 2010年5月10日8时，B工程公司人员甲乙两人受公司指派到C炼油厂污水处理车间疏通堵塞的污水管道。进入C炼油厂污水井作业前需进行气体检测，通常检测的气体包括（　　）。

A. 可燃气体　　　　　　　　　　　B. 硫化氢

C. 氧气　　　　　　　　　　　　　D. 一氧化碳

15. 2010年5月10日8时，B工程公司人员甲乙两人受公司指派到C炼油厂污水处理车间疏通堵塞的污水管道。在C炼油厂污水井内可能发生的事故包括（　　）。

A. 火灾　　　　　　　　　　　　　B. 淹溺

C. 中毒窒息　　　　　　　　　　　D. 机械伤害

第五章 应急管理

一、单项选择题

1. 当发生各类事故时,依(　　),分别启动车间二级事故应急预案和公司事故应急救援预案,展开应急处置。
   A. 事故严重程度　　　B. 事故伤亡人数　　　C. 事故经济损失

2. 应急处置工作中组织协调各应急救援队伍迅速进行应急救援,制定并组织实施抢险救援方案,防止引发(　　)。
   A. 次生、衍生事件　　B. 人员伤亡事故　　　C. 设备损失事故

3. 事故发生后,公司领导和各部门负责人应按(　　),在第一时间内组织事故救援工作,发生重大事故时,应集结在事故应急救援指挥部,听从总指挥的安排和指令。
   A. 专门预案　　　　　B. 特殊预案　　　　　C. 各级预案的规定

4. 企业必须向从业人员告知作业岗位、场所危险因素和险情处置要点,高风险区域和重大危险源必须设立(　　),并确保逃生通道畅通。
   A. 明显标识　　　　　B. 应急通道　　　　　C. 风向标

5. 必须开展从业人员岗位应急知识教育和自救互救、避险逃生技能培训,并定期组织(　　)。
   A. 培训　　　　　　　B. 交流　　　　　　　C. 考核

6. 企业必须在险情或事故发生后第一时间做好先期处置,及时采取(　　)。
   A. 隔离措施　　　　　B. 疏散措施　　　　　C. 隔离和疏散措施

7. 单位应当建立由本单位职工组成的(　　)。
   A. 专职应急救援队伍
   B. 兼职应急救援队伍
   C. 专职或者兼职应急救援队伍

8. 爆破、吊装等危险作业必须安排(　　),确保操作规程的遵守和安全措施的落实。
   A. 专人进行现场安全管理
   B. 班组长
   C. 企业负责人

9.（　　）是一个复杂的系统工程，作为岗位从业人员，在事故发生后第一时间开展自救互救、避险逃生，对于减少事故造成的人员伤亡具有十分重要的作用。

A. 警示教育　　　　　　B. 应急处置　　　　　　C. 应急逃生

10.（　　）是企业安全生产应急管理的第一道防线，是生产安全事故应急处置的首要响应者。

A. 岗位从业人员　　　　B. 安全管理人员　　　　C. 班组长

11. 企业必须按照国家有关规定对所有岗位从业人员进行（　　），确保其具备本岗位安全操作、自救互救以及应急处置所需的知识和技能，切实突出厂（矿）、车间（工段、区、队）、班组三级安全培训，不断提升岗位从业人员应急能力。

A. 安全培训　　　　　　B. 参观实习　　　　　　C. 应急培训

12. 企业要将应急知识培训作为岗位从业人员的必修课并进行（　　），建立健全适应企业自身发展的应急培训与考核制度，确保应急培训和考核效果。

A. 考核　　　　　　　　B. 教育　　　　　　　　C. 监督

13. 企业事业单位应当定期进行应急演练，演练结束后，（　　）对环境应急预案演练进行评审。

A. 适当时　　　　　　　B. 必须　　　　　　　　C. 不必

14.《突发环境事件应急预案管理暂行办法》（环发〔2010〕113 号）第二十一条规定，企业事业单位，应当（　　）至少组织一次预案培训工作。

A. 每半年　　　　　　　B. 每年　　　　　　　　C. 每二年

15. 应急救援是在应急响应过程中，为（　　）事故危害，防止事故扩大或恶化，最大限度地降低事故造成的损失或危害而采取的救援措施或行动。

A. 消除　　　　　　　　B. 减少　　　　　　　　C. 消除、减少

16. 各基层单位应急演练每季度至少对一个预案进行（　　）次演练，每年必须对所有的预案都进行演练。

A. 三　　　　　　　　　B. 一　　　　　　　　　C. 四

17. 遇到（　　）天气不能从事高处作业。

A. 6 级以上大风和雷电、暴雨、大雾

B. 冬天

C. 35℃以上的热天

18. 一般性有毒、有腐蚀性的化学品的生产和使用区域内，包括装卸、储存和分析取样点附近、安全喷淋洗眼器按（　　）距离设置一站。

A. 20～30m　　　　　　B. 25～35m　　　　　　C. 30～35m

19. 应急预案编制的内容框架要依照（　　）中要求的预案构成要素进行编制。

A.《生产经营单位安全生产事故应急预案编制导则》（GB/T 29639—2013）

B. 安全生产法

C. 职业卫生法

20. 矿山救护队确保在（   ）内应急值守，并确保应急状态下，能够在20min内赶赴救援现场。

  A. 12h   B. 24h   C. 16h

21. 现场处置方案是生产经营单位根据不同事故类别，针对具体的场所、装置或设施所制订的应急处置措施，主要包括（   ）、应急工作职责、应急处置和注意事项等内容。

  A. 事故风险分析   B. 应急指挥机构及职责   C. 处置程序

22. 生产经营单位应根据风险评估、岗位操作规程以及（   ），组织本单位现场作业人员及安全管理等专业人员共同编制现场处置方案。

  A. 危险源布局   B. 人员类型特征   C. 危险性控制措施

23. 生产经营单位应当根据有关法律、法规和（   ），结合本单位的危险源状况、危险性分析情况和可能发生的事故特点，制订相应的应急预案。

  A.《中华人民共和国安全生产法》

  B.《生产经营单位生产安全事故应急预案编制导则》（GB/T 29639—2013）

  C.《中华人民共和国环境保护法》

24. 事故风险可能影响周边其他单位、人员的，生产经营单位应当将有关事故风险的性质、影响范围和（   ）告知周边的其他单位和人员。

  A. 危害程度   B. 应急防范措施   C. 不同类型

25. 矿山、金属冶炼、建筑施工企业和易燃易爆物品、危险化学品等危险物品的生产、经营、储存、运输企业，使用危险化学品达到国家规定数量的化工企业、烟花爆竹生产、批发经营企业和中型规模以上的其他生产经营单位，应当每（   ）年进行一次应急预案评估。

  A. 一年   B. 二年   C. 三年

26. 在应急演练过程中，观察和记录演练活动，比较演练过程与演练目标要求的适合性，并提出演练发现问题，这项工作一般应由（   ）完成。

  A. 策划人员   B. 演练人员   C. 评估人员

27. 桌面演练是一种圆桌讨论或演习活动，其目的是为了提高协调配合及解决问题的能力，使各级应急部门、组织和个人明确、熟悉应急预案中所规定的（   ）。

  A. 风险   B. 职责和程序   C. 应急方案

28. 应急预案能否在应急救援中成功地发挥作用，不仅取决于应急预案自身的完善程度，还依赖于应急准备工作的充分性。下列工作范畴中，属于应急准备的是（   ）。

  A. 接警通知   B. 应急演练   C. 伤员救治

29. 某钢铁集团冷轧厂罩式炉退火作业区脱脂机组试生产时，某操作工在配置碱液过程中发生意外，造成碱液喷射至其面部。针对上述意外事件，应第一时间采取的应急措施是（　　）。

A. 保护现场，同时拨打120，等待医生前来救护

B. 使用大量清水冲洗，同时拨打120救护或就近送往医院

C. 使用低浓度的酸性液体中和，同时拨打120救护或就近送往医院

30. 某单位针对其码头存放的油品制定了油品泄漏、火灾、爆炸事故应急预案。按照重大事故应急预案的层次划分，该预案是（　　）。

A. 综合预案　　　　　B. 现场预案　　　　　C. 专项预案

二、判断题

（在括号中回答"正确"或"错误"）

1. 事故指挥官负责现场应急响应的所有方面的工作。（　　）

2. 事故发生后，公司各重要岗位的人员，应采取正确紧急措施，确保设备安全，避免其他事故发生或事故扩大。（　　）

3. 鼓励生产经营单位和其他社会力量建立应急救援队伍，配备相应的应急救援装备和物资，提高应急救援的专业化水平。（　　）

4. 对于从业人员来说，熟悉作业场所和工作岗位存在的危险因素、应采取的防范措施和事故应急措施的行为可有可无。（　　）

5. 从业人员发现直接危及人身安全的紧急情况，如果继续作业很有可能会发生重大事故时（如矿井内瓦斯浓度严重超标），也无权停止作业。（　　）

6. 企业负责人是最有条件开展第一时间处置的，其熟悉本企业生产经营活动和事故的特点，在第一时间组织抢救，避免事故扩大，意义重大。（　　）

7. 熟练掌握个人防护装备和通信装备的使用，属于应急训练的专业训练。（　　）

8. 在重大事故应急救援体系中，医疗救治的重要职责是尽可能、尽快地控制并消除事故，营救受害人员。（　　）

9. 应急管理是一个动态过程，分为四个阶段，为有效应对突发事件需要事先采取相应措施的阶段，称为响应阶段。（　　）

10. 疏散和救援属于为防止事故发生而采用的安全技术措施。（　　）

11. 发生触电事故以后，首先应该迅速让触电者脱离电源，如触电者心跳、呼吸均已停止，应立即打"120"呼叫救护大队，送医院救治。（　　）

12. 对应急行动的统一指挥是有效开展应急救援的关键。（　　）

13. 应急管理是一个动态过程，分为四个阶段，为有效应对突发事件需要事先采取相

应措施的阶段,称为响应阶段。( )

14. 当事故可能影响到周边地区,对周边地区可能造成威胁时,应及时启动警报系统。( )

15. 应急准备是指针对可能发生的环境污染事件为迅速、有序地开展应急行动而预先进行的物质准备。( )

16. 发生地震时,如在家里,千万不能滞留在床上或站在房间中央,更不能躲在窗户边,不要靠近不结实的墙体,不要破窗而逃。( )

17. 外伤的急救步骤是:止血、包扎、固定、送医院。( )

18. 应急响应是指事故发生后,有关组织或人员采取的应急行动。( )

19. 发现监测异常,对现场人员生命构成威胁时,要立即发出疏散撤离号令。( )

20. 紧急报警信号必须符合下列条件:能够立即通知到生产区域内应急组织成员;能够通知到生产区域的所有人员;能够在断电时正常报警。( )

21. 全体员工的职责:熟练掌握应急处理技能,参与应急管理活动;在紧急情况下,所有生产区域的员工必须承担应急处置的相应职责。( )

22. 安全检查属于事故应急救援系统的应急响应过程。( )

23. 一个完整的重大事故应急预案的文件体系包括预案、程序、指导书、应急行动的记录。( )

24. 综合应急预案是针对某种具体的、特定类型的紧急情况而制订的计划或方案。( )

25. 综合应急预案编制的目的就是规范企业应急管理和应急响应程序,确保企业迅速有效地处理企业安全生产事故,将事故对人员、财产和环境造成的损失降至最小程度,最大限度地保障企业和职工的安全。( )

26. 综合应急预案包括:规定企业应急组织机构和职责、应急响应原则、应急管理程序等内容。( )

27. 应急救援指挥机构可以设置相应的应急工作小组,明确各小组的工作任务及主要负责人职责。( )

28. 应急预案的编制包括编制程序、编制准备和编制任务。( )

29. 应急预案体系包括综合应急预案、专项应急预案和现场处置方案。( )

30. 风险因素单一的小微型生产经营单位也必须编制专项应急预案。( )

31. 县级以上地方各级人民政府应急管理部门负责本行政区域内应急预案的综合协调管理工作。( )

32. 生产经营单位主要负责人负责组织编制和实施本单位的应急预案,并对应急预案的真实性和实用性负责;各分管负责人应当按照职责分工落实应急预案规定的职责。( )

33. 生产经营单位应急预案分为两类,分别是专项应急预案和现场处置方案。( )

34. 机构与职责、教育和训练与演练、互助协议、接警与通知均属于事故应急预案要

素中应急准备的要素。（　　）

35. 应急资源属于事故应急预案要素中应急响应的要素。（　　）

36. 生产经营单位应当向从业人员如实告知作业场所和工作岗位存在的事故隐患、防范措施以及事故应急措施。（　　）

37. 建立应急演练策划小组（或领导小组）是成功组织开展应急演练工作的关键，为了确保演练的成功，评价人员不得参与策划小组，更不能参与演练方案的设计。（　　）

38. 事故应急救援的目标是尽可能减少人员伤亡和财产损失。立即营救受害人员、迅速控制事态发展、进行应急能力评估、进行事故危害程度评估均属于事故应急救援基本任务。（　　）

39. 制订应急救援预案的目的是使应急行动做到应急响应快速、应急措施具有针对性、事故损失最大限度减少。（　　）

三、多项选择题

1. 《突发事件应对法》中将突发事件预警分为一级、二级、三级和四级，分别用（　　）颜色标示。

   A. 红色　　　　　　　　　　　　B. 橙色
   C. 黄色　　　　　　　　　　　　D. 蓝色

2. 应急预案编制单位应当建立应急预案定期评估制度，对预案内容的（　　）进行分析，并对应急预案是否需要修订作出结论。

   A. 针对性　　　　　　　　　　　B. 时效性
   C. 实用性　　　　　　　　　　　D. 操作性

3. 综合应急预案应当规定应急组织机构及其职责、（　　）、保障措施、应急预案管理等内容。

   A. 应急预案体系　　　　　　　　B. 事故风险描述
   C. 预警及信息报告　　　　　　　D. 应急响应

4. 生产经营单位应当组织开展本单位的（　　）的培训活动，使有关人员了解应急预案内容，熟悉应急职责、应急处置程序和措施。

   A. 应急预案　　　　　　　　　　B. 应急知识
   C. 自救互救　　　　　　　　　　D. 避险逃生技能

5. 应急培训的（　　）、参加人员和考核结果等情况应当如实记入本单位的安全生产教育和培训档案。

   A. 时间　　　　　　　　　　　　B. 地点
   C. 内容　　　　　　　　　　　　D. 师资

6. （　　）是企业开展应急管理工作的基本前提，在企业的应急管理工作中发挥着不可或缺的重要作用。

　　A. 应急管理机构　　　　　　　　B. 应急管理人员

　　C. 应急装备　　　　　　　　　　D. 应急措施

7. 应急管理机构的（　　）等，应根据不同企业的实际情况和特点确定。

　　A. 规模　　　　　　　　　　　　B. 人员结构

　　C. 设备配备情况　　　　　　　　D. 专业技能

8. 中央企业应当按照（　　）的原则，建设以专业队伍为骨干、兼职队伍为辅助、职工队伍为基础的企业应急救援队伍体系。

　　A. 专业救援　　　　　　　　　　B. 险时救援

　　C. 专业救援和职工参与相结合　　D. 险时救援和平时防范相结合

9. 企业建立的专（兼）职应急救援队伍，在事故发生时，能够在第一时间迅速、有效地（　　）。

　　A. 投入救援与处置工作　　　　　B. 防止事故进一步扩大

　　C. 最大限度地减少人员伤亡　　　D. 最大限度地减少财产损失

10. 应急预案应形成体系，针对各级各类可能发生的事故和所有危险源制定专项应急预案和现场应急处置方案，并明确（　　）的各个过程中相关部门和有关人员的职责。

　　A. 事前　　　　　　　　　　　　B. 事发

　　C. 事中　　　　　　　　　　　　D. 事后

11. 应急演练演习的类型：（　　）。

　　A. 桌面演习　　　　　　　　　　B. 功能演习

　　C. 全面演习　　　　　　　　　　D. 局部演习

12. 大型施工作业时，各属地主管应组织现场各承包商队伍开展风险评估，制定（　　），并组织现场所有专业队伍进行应急演练。

　　A. 风险削减措施　　　　　　　　B. 现场指挥要求

　　C. 应急预案　　　　　　　　　　D. 实际作业规定

13. 预警行动通过（　　）、上级部门和政府主管部门预报等信息预测预报，对可能发生的灾害事件进行预警。

　　A. 预警系统　　　　　　　　　　B. 隐患排查

　　C. 风险评估　　　　　　　　　　D. 现场隐患排查

14. 报告内容包括但不仅限于以下内容：（　　）。

　　A. 事件类别

　　B. 事件发生的单位、时间、地点和现场情况

C. 事件简要经过、伤亡人数和财产损失情况的初步估计
D. 信息来源，报告人的单位、姓名、职务和联系电话

15. 应急管理单位在执行预案实施应急救援的过程中，发现并记录的本预案的（　　）进行清理、登记，及时对预案进行修订，重新发布。

A. 不符合项　　　　　　　　　　　　B. 无效性项
C. 错误项　　　　　　　　　　　　　D. 其他不足之处

16. 触电现场急救程序：（　　），速送医院。

A. 切断总电源（如电源总开关在附近）　B. 脱离伤员和电源（用绝缘物）
C. 心肺复苏（心跳、呼吸停止者）　　　D. 包扎电烧伤伤口

17. 按照事故应急预案编制的整体协调性和层次不同，可将其划分为（　　）等几个层次。

A. 专项预案　　　　　　　　　　　　B. 基本预案
C. 现场处置方案　　　　　　　　　　D. 综合预案

18. 编制程序需要：应急预案编制工作组、（　　）和应急预案评审与发布。

A. 资料收集　　　　　　　　　　　　B. 危险源与风险分析
C. 应急能力评估　　　　　　　　　　D. 应急预案编制

19. 应急预案体系构成有（　　）三部分。

A. 综合应急预案　　　　　　　　　　B. 专项应急预案
C. 现场处置方案　　　　　　　　　　D. 特殊应急预案

20. 综合应急预案中的预防和预警包括（　　）。

A. 危险源监控　　　　　　　　　　　B. 预警行动
C. 信息报告　　　　　　　　　　　　D. 通知

21. 应急保障措施分为：（　　）、经费保障和其他保障。

A. 通信与信息保障　　　　　　　　　B. 应急队伍保障
C. 应急物资　　　　　　　　　　　　D. 装备保障

22. 专项应急预案主要包括（　　）等内容。

A. 事故风险分析　　　　　　　　　　B. 应急指挥机构及职责
C. 处置程序　　　　　　　　　　　　D. 措施

23. 海上作业者和承包者应当组织生产和作业设施的相关人员定期开展应急预案的演练，演练时间间隔正确的是（　　）。

A. 消防演习：每倒班期一次　　　　　B. 弃平台演习：每倒班期一次
C. 人员落水救助演习：每季度一次　　D. 井控演习：每倒班期一次

第二部分

海上石油作业
主要负责人应掌握的知识
参考答案与解析

第一章 安全生产法律法规

一、单项选择题答案与解析

1. B

【解析与依据】《海洋石油安全管理细则》(国家安全生产监督管理总局令〔2009〕第 25 号)第十八条　按照设施不同区域的危险性,划分三个等级的危险区。

2. C

【解析与依据】《海洋石油安全管理细则》(国家安全生产监督管理总局令〔2009〕第 25 号)第十九条　设施的作业者或者承包者应当建立动火、电工作业、受限空间作业、高空作业和舷(岛)外作业等审批制度。作业完成后,作业负责人应当在作业通知单上填写完成时间、工作质量和安全情况,并交付设施负责人保存。作业通知单的保存期限至少 1 年。

3. C

【解析与依据】《海洋石油安全管理细则》(国家安全生产监督管理总局令〔2009〕第 25 号)第九十条　出海人员必须接受"海上石油作业安全救生"的专门培训,并取得具有资质的培训机构颁发的培训合格证书。临时出海人员接受"海上石油作业安全救生"电化教学的培训,培训时间不少于 4 课时。每 1 年进行一次再培训。

4. A

【解析与依据】《海洋石油安全管理细则》(国家安全生产监督管理总局令〔2009〕第 25 号)第一百零二条　作业者和承包者应当组织生产和作业设施的相关人员定期开展应急预案的演练,演练期限不超过下列时间间隔的要求:(一)消防演习:每倒班期一次。(二)弃平台演习:每倒班期一次。(三)井控演习:每倒班期一次。(四)人员落水救助演习:每季度一次。

5. B

【解析与依据】《海洋石油安全管理细则》(国家安全生产监督管理总局令〔2009〕第 25 号)第四条　国家安全生产监督管理总局海洋石油作业安全办公室(以下简称海油安办)对全国海洋石油安全生产工作实施监督管理;海油安办驻中国海洋石油总公司、中国石油化工集团公司、中国石油天然气集团公司分部(以下统称海油安办有关分部)分别负责中国海洋石油总公司、中国石油化工集团公司、中国石油天然气集团公司的海洋石油安全生产的监督管理。

6. C

【解析与依据】《海洋石油安全管理细则》(国家安全生产监督管理总局令〔2009〕第25号)第二十二条　设施配备的救生艇、救助艇、救生筏、救生圈、救生衣、保温救生服及属具等救生设备，应当符合《国际海上人命安全公约》的规定，并经海油安办认可的发证检验机构检验合格。

7. A

【解析与依据】《海洋石油安全管理细则》(国家安全生产监督管理总局令〔2009〕第25号)第二十二条　设施配备的救生艇、救助艇、救生筏、救生圈、救生衣、保温救生服及属具等救生设备，应当符合《国际海上人命安全公约》的规定，并经海油安办认可的发证检验机构检验合格。海上石油设施配备救生设备的数量应当满足下列要求：救生衣按总人数的210%配备，其中：住室内配备100%，救生艇站配备100%，平台甲板工作区内配备10%，并可以配备一定数量的救生背心。在寒冷海区，每位工作人员配备一套保温救生服。对于无人驻守平台，在工作人员登平台时，根据作业海域水温情况，每人携带1件救生衣或者保温救生服。

8. C

【解析与依据】《海洋石油安全管理细则》(国家安全生产监督管理总局令〔2009〕第25号)第二十三条　设施上的消防设备应当符合下列规定：(一)根据国家有关规定，针对设施可能发生的火灾性质和危险程度，分别装设水消防系统、泡沫灭火系统、气体灭火系统和干粉灭火系统等固定灭火设备和装置，并经发证检验机构认可。无人驻守的简易平台，可以不设置水消防等灭火设备和装置。

9. B

【解析与依据】《海洋石油安全管理细则》(国家安全生产监督管理总局令〔2009〕第25号)第二十三条　设施上的消防设备应当符合下列规定：(三)配备4套消防员装备，包括隔热防护服、消防靴和手套、头盔、正压式空气呼吸器、消防斧以及可以连续使用3个小时的手提式安全灯。根据平台性质和工作人数，经发证检验机构同意，可以适当减少配备数量。

10. B

【解析与依据】《海洋石油安全生产规定》(国家安全生产监督管理总局令〔2006〕第4号)第一条　为了加强海洋石油安全生产工作，防止和减少海洋石油生产安全事故和职业危害，保障从业人员生命和财产安全，根据《中华人民共和国安全生产法》及有关法律、行政法规，制定本规定。

11. C

【解析与依据】海洋石油生产设施试生产正常后，应当由作业者或者承包者负责组织对安全设施进行竣工验收，并形成书面报告备查，经验收合格并办理安全生产许可证后，方可正式投入生产使用。

12. A

【解析与依据】《海洋石油安全生产规定》(国家安全生产监督管理总局令〔2006〕第4号)已经2006年1月6日国家安全生产监督管理总局局长办公会议审议通过,现予公布,自2006年5月1日起施行,原石油工业部1986年颁布的《海洋石油作业安全管理规定》同时废止。

13. B

【解析与依据】《海洋石油安全生产规定》(国家安全生产监督管理总局令〔2006〕第4号)第六条　作业者应当加强对承包者的安全监督和管理,并在承包合同中约定各自的安全生产管理职责。

14. A

【解析与依据】《海洋石油安全生产规定》(国家安全生产监督管理总局令〔2006〕第4号)第九条　出海作业人员应当接受海洋石油作业安全救生培训,经考核合格后方可出海作业。

15. A

【解析与依据】《海洋石油安全生产规定》(国家安全生产监督管理总局令〔2006〕第4号)第二十四条　作业者和承包者应当保存安全生产的相关资料,主要包括作业人员名册、工作日志、培训记录、事故和险情记录、安全设备维修记录、海况和气象情况等。

16. B

【解析与依据】《海洋石油安全生产规定》(国家安全生产监督管理总局令〔2006〕第4号)第三十条　海油安办及其各分部依法对作业者和承包者执行有关安全生产的法律、行政法规和国家标准或者行业标准的情况进行监督检查,行使以下职权:对有根据认为不符合保障安全生产的国家标准或者行业标准的设施、设备、器材予以查封或者扣押,并应当在15日内依法作出处理决定。

17. A

【解析与依据】《海洋石油安全管理细则》(国家安全生产监督管理总局令第25号)第八十七条　作业者和承包者的主要负责从和安全生产管理人员应当具备相应的安全生产知识和管理能力。经海油安办考核合格。

18. A

【解析与依据】按作业区域进行划分。

19. B

【解析与依据】《浅海石油作业井控规范》(SY/T 6432—2019)4.2.1.1 固定于钻井设施上的装置:储能器装置。储能器液体压力应保持18.5~21MPa,储能器液体容积应至少为关闭全部防喷器所需液体容积的 1.5 倍，且储能器提供 1.5 倍容积的所需液体后的最小压力为 9.8MPa。

20. B

【解析与依据】《滩海陆岸石油作业安全规程》（SY 6634—2012）6.2.8.1 进入滩海通井路的车辆轮胎应采用低压轮胎，具有良好的防滑性能，便于人员逃生。

21. B

【解析与依据】《滩海陆岸石油作业安全规程》（SY 6634—2012）8.3.1 生产主管部门在大风到来之前 12h，提供准确的天气预报，提前 10d 提供海上冰情预报。

22. C

【解析与依据】《海上固定平台安全规则》2.3.2 平台最下层甲板高程：平台最下层甲板应处于设计环境条件时潮汐与波浪最不利组合情况下的最大波峰高程以上，并留有至少 1.5m 的间隙，以保证最下层甲板的安全。

23. A

【解析与依据】《滩海石油人工岛安全规则》（SY/T 6777—2017）6.1.3 生活区应布置在人工岛全年最小频率风的下风侧，放空管或放空火炬应布置在全年最小频率风向的上风侧。辅助生活区、有火处理区、注入区、无火处理区、原油储存区、井口区等宜在生活区全年最小频率风向的上风侧依次布置。

24. C

【解析与依据】《滩海石油人工岛安全规则》（SY/T 6777—2017）6.3.4 岛上管线采用架空敷设方式时，管架布置应结合设备维修、人行通道、逃生通道统一考虑。管架下面有人员通行需要时，管架净空高度不应小于 2.2m。管架下面有通车检修要求时，管架净空高度不应小于 4.5m。

25. C

【解析与依据】《滩海石油人工岛安全规则》（SY/T 6777—2017）6.2.10 通道设置应符合下列要求：应根据设备维修、逃生疏散等需要设置主通道，不同区域之间、区域内部应设置不小于 1.2m 宽的疏散逃生通道与主通道相连接。

26. A

【解析与依据】《滩海石油人工岛安全规则》（SY/T 6777—2017）5.2.1.2 岛顶面高程应取极端高水位加 0.5～1.0m。

27. B

【解析与依据】《滩海石油人工岛安全规则》（SY/T 6777—2017）5.2.1.3 防浪墙顶高程应设在极端高水位以上不小于 1.0 倍波高值处。该波高为极端高水位时的波高，波高累积频率为 1%。

二、判断题答案与解析

1. 正确

【解析与依据】《海洋石油安全管理细则》(国家安全生产监督管理总局令〔2009〕第25号)第九十条 出海人员必须接受"海上石油作业安全救生"的专门培训,并取得具有资质的培训机构颁发的培训合格证书。

2. 正确

【解析与依据】《海洋石油安全管理细则》(国家安全生产监督管理总局令〔2009〕第25号)第九十条 出海人员必须接受"海上石油作业安全救生"的专门培训,并取得具有资质的培训机构颁发的培训合格证书。长期出海人员接受"海上石油作业安全救生"全部内容的培训,培训时间不少于40课时。每5年进行一次再培训。

3. 正确

【解析与依据】《海洋石油安全管理细则》(国家安全生产监督管理总局令〔2009〕第25号)第六十六条 在可能含有硫化氢地层进行钻井作业时,应当采取下列硫化氢防护措施:当空气中含硫化氢浓度达到$150mg/m^3$(100ppm)时,组织所有人员撤离平台。

4. 错误

【解析与依据】《海洋石油安全管理细则》(国家安全生产监督管理总局令〔2009〕第25号)第十八条 按照设施不同区域的危险性,划分三个等级的危险区:(一)0类危险区,是指在正常操作条件下,连续出现达到引燃或者爆炸浓度的可燃性气体或者蒸气的区域。(二)1类危险区,是指在正常操作条件下,断续地或者周期性地出现达到引燃或者爆炸浓度的可燃性气体或者蒸气的区域;(三)2类危险区,是指在正常操作条件下,不可能出现达到引燃或者爆炸浓度的可燃性气体或者蒸气;但在不正常操作条件下,有可能出现达到引燃或者爆炸浓度的可燃性气体或者蒸气的区域。

5. 正确

【解析与依据】《海洋石油安全管理细则》(国家安全生产监督管理总局令〔2009〕第25号)第十八条 按照设施不同区域的危险性,划分三个等级的危险区:(一)0类危险区,是指在正常操作条件下,连续出现达到引燃或者爆炸浓度的可燃性气体或者蒸气的区域。(二)1类危险区,是指在正常操作条件下,断续地或者周期性地出现达到引燃或者爆炸浓度的可燃性气体或者蒸气的区域;(三)2类危险区,是指在正常操作条件下,不可能出现达到引燃或者爆炸浓度的可燃性气体或者蒸气;但在不正常操作条件下,有可能出现达到引燃或者爆炸浓度的可燃性气体或者蒸气的区域。

6. 正确

【解析与依据】《海洋石油安全管理细则》(国家安全生产监督管理总局令〔2009〕第25号)第十九条 设施的作业者或者承包者应当建立动火、电工作业、受限空间作业、高空作业和舷(岛)外作业等审批制度。

7. 正确

【解析与依据】《海洋石油安全管理细则》(国家安全生产监督管理总局令〔2009〕第25号)第二十二条　设施配备的救生艇、救助艇、救生筏、救生圈、救生衣、保温救生服及属具等救生设备,应当符合《国际海上人命安全公约》的规定,并经海油安办认可的发证检验机构检验合格。海上石油设施配备救生设备的数量应当满足下列要求:救生衣按总人数的210%配备,其中,住室内配备100%,救生艇站配备100%,平台甲板工作区内配备10%,并可以配备一定数量的救生背心。在寒冷海区,每位工作人员配备一套保温救生服。对于无人驻守平台,在工作人员登平台时,根据作业海域水温情况,每人携带1件救生衣或者保温救生服。

8. 正确

【解析与依据】《海洋石油安全管理细则》(国家安全生产监督管理总局令〔2009〕第25号)第九十条　不在设施上留宿的临时出海人员可以只接受作业者或者承包者现场安全教育。

9. 正确

【解析与依据】《海洋石油安全管理细则》(国家安全生产监督管理总局令〔2009〕第25号)第九十条　没有直升机平台或者已明确不使用直升机倒班的海上设施人员,可以免除"直升机遇险水下逃生"内容的培训。

10. 正确

【解析与依据】《海洋石油安全管理细则》(国家安全生产监督管理总局令〔2009〕第25号)第九十条　没有配备救生艇筏的海上设施作业人员,可以免除"救生艇筏操纵"的培训。

11. 正确

【解析与依据】《海洋石油安全管理细则》(国家安全生产监督管理总局令〔2009〕第25号)第一百一十七条　短期出海人员,是指每次在海上作业5～15日以下(含5日),或者年累计出海时间在10～30日(含10日)的海上石油作业人员。

12. 正确

【解析与依据】《海洋石油安全管理细则》(国家安全生产监督管理总局令〔2009〕第25号)第一百一十七条　长期出海人员,是指每次在海上作业15日以上(含15日),或者年累计在海上作业30日以上(含30日),负责海上石油设施管理、操作、维修等作业的人员。

13. 正确

【解析与依据】《海洋石油安全管理细则》(国家安全生产监督管理总局令〔2009〕第25号)第二十三条　设施上的消防设备应当符合下列规定:根据国家有关规定,针对设施可能发生的火灾性质和危险程度,分别装设水消防系统、泡沫灭火系统、气体灭火系统和干粉灭火系统等固定灭火设备和装置，并经发证检验机构认可。无人驻守的简易平台，可以不设置水消防等灭火设备和装置。

14. 正确

【解析与依据】《海洋石油安全管理细则》（国家安全生产监督管理总局令〔2009〕第25号）第二十三条　设施上的消防设备应当符合下列规定：所有的消防设备都存放在易于取用的位置，并定期检查，始终保持完好状态。检查应当有检查记录标签。

15. 正确

【解析与依据】《海洋石油安全管理细则》（国家安全生产监督管理总局令〔2009〕第25号）第三条　海洋石油作业者和承包者是海洋石油安全生产的责任主体，对其安全生产工作负责。

16. 正确

【解析与依据】《海洋石油安全生产规定》（国家安全生产监督管理总局令〔2006〕第4号）第五条　作业者和承包者应当遵守有关安全生产的法律、行政法规、部门规章、国家标准和行业标准，具备安全生产条件。

17. 正确

【解析与依据】《海洋石油安全生产规定》（国家安全生产监督管理总局令〔2006〕第4号）第七条　作业者和承包者的主要负责人对本单位的安全生产工作全面负责。

18. 错误

【解析与依据】《海洋石油安全生产规定》（国家安全生产监督管理总局令〔2006〕第4号）第十条　特种作业人员应当按照国家应急管理部有关规定经专门的安全技术培训，考核合格取得特种作业操作资格证书后方可上岗作业。

19. 正确

【解析与依据】《海洋石油安全生产规定》（国家安全生产监督管理总局令〔2006〕第4号）第十二条　海洋石油生产设施应当由具有相应资质或者能力的专业单位施工，施工单位应当按照审查同意的设计方案或者图纸施工。

20. 正确

【解析与依据】《海洋石油安全生产规定》（国家安全生产监督管理总局令〔2006〕第4号）第三十二条　监督检查人员在进行安全监督检查期间，作业者或者承包者应当免费提供必要的交通工具、防护用品等工作条件。

21. 正确

【解析与依据】《海洋石油安全生产规定》（国家安全生产监督管理总局令〔2006〕第4号）第三十三条　承担海洋石油生产设施发证检验、专业设备检测检验、安全评价和安全咨询的中介机构应当具备国家规定的资质。

22. 正确

【解析与依据】《海洋石油安全生产规定》（国家安全生产监督管理总局令〔2006〕第4号）第三十四条　作业者应当建立应急救援组织，配备专职或者兼职救援人员，或者与专业救援组织签订救援协议，并在实施作业前编制应急预案。

23. 正确

【解析与依据】《海洋石油安全生产规定》（国家安全生产监督管理总局令〔2006〕第4号）第三十八条　事故和险情发生后，当事人、现场人员、作业者和承包者负责人、各分部和海油安办根据有关规定逐级上报。

24. 正确

【解析与依据】《中华人民共和国水上水下施工作业通航安全管理规定》（中华人民共和国交通运输部令〔2019〕第2号）。

25. 正确

【解析与依据】《海洋石油企业安全生产许可证申办指南》。

26. 正确

【解析与依据】《海洋石油企业安全生产许可证申办指南》。

27. 正确

【解析与依据】《海洋石油安全生产知识和管理能力考核与发证指南》。

28. 正确

【解析与依据】《海洋石油安全生产知识和管理能力考核与发证指南》。

29. 正确

【解析与依据】《海洋石油安全生产知识和管理能力考核与发证指南》。

30. 正确

【解析与依据】《石油天然气安全规程》（AQ 2012—2017）6 海洋石油天然气开采 6.1.1.2 出海人员应穿戴符合标准的个人防护用品。

31. 正确

【解析与依据】《石油天然气安全规程》（AQ 2012—2017）6 海洋石油天然气开采 6.1.1.1 出海人员应持有健康证明、海洋石油作业安全救生培训证书或相应的安全培训证明。

32. 正确

【解析与依据】《石油天然气安全规程》（AQ 2012—2017）6 海洋石油天然气开采 6.1.1.4 出海人员应了解出海作业安全规定，遵守平台或船舶上的规章制度。

33. 正确

【解析与依据】《石油天然气安全规程》（AQ 2012—2017）6 海洋石油天然气开采 6.1.1.5 出海人员应熟悉所在平台或船舶的应急集合地点、所负的应急职责以及救生衣等存放处，并参加应急演习。

34. 正确

【解析与依据】《石油天然气安全规程》（AQ 2012—2017）4.1.2 企业应依法达到安全生产条件，取得安全生产许可证；建立、健全、落实安全生产责任制，建立、健全安全生产管理机构，设置专、兼职安全生产管理人员。

35. 正确

【解析与依据】《石油天然气安全规程》（AQ 2012—2017）6 海洋石油天然气开采 6.1.1.6 外来人员登临海上平台或船舶，必须接受安全检查和安全教育，服从平台人员的引导。

36. 正确

【解析与依据】《石油天然气安全规程》（AQ 2012—2017）6 海洋石油天然气开采 6.1.2.1 海洋石油设施应有救生、逃生措施。应按以下原则配备救生、逃生的设备。

37. 正确

【解析与依据】《石油天然气安全规程》（AQ 2012—2017）6 海洋石油天然气开采 6.1.2.1 海洋石油设施应有救生、逃生措施。应按以下原则配备救生、逃生的设备：在可能发生火灾、爆炸或有毒有害气体泄漏且有人值守的海洋石油设施上，应配备封闭式耐火救生艇。

38. 正确

【解析与依据】《石油天然气安全规程》（AQ 2012—2017）6 海洋石油天然气开采 6.1.2.1 海洋石油设施应有救生、逃生措施。应按以下原则配备救生、逃生的设备：固定设施和钻井平台救生艇数量应能容纳设施上作业的全部人员，浮式生产储油装置救生艇的配置应是作业人数的两倍；在海洋设施的建造、安装阶段，及生产设施在停产检修阶段，通过风险分析评估，在有安全措施的基础上，可用救生筏代替救生艇。

39. 正确

【解析与依据】《石油天然气安全规程》（AQ 2012—2017）6 海洋石油天然气开采 6.1.2.1 海洋石油设施应有救生、逃生措施。应按以下原则配备救生、逃生的设备：除配备救生艇外，固定设施、浮式装置上还应配备作业人数 100% 的救生筏。

40. 错误

【解析与依据】《滩海陆岸石油作业安全规程》（SY 6634—2012）4.1.2.3 从事钻井、完井、修井、测试作业的监督、经理、高级队长、领班，以及司钻、副司钻和井架工、安全监督等人员应接受"井控技术"培训，并取得具有资质的培训机构颁发的培训合格证书；钻井、井下作业正副司钻应持有"石油司钻特种作业操作证"。

41. 正确

【解析与依据】《滩海陆岸石油作业安全规程》（SY 6634—2012）4.1.2.4 在作业过程中已经出现或者可能出现硫化氢的场所从事钻井、完井、修井、测试、采油及储运作业的人员应取得"防硫化氢技术合格证"。

42. 正确

【解析与依据】《滩海陆岸石油作业安全规程》（SY 6634—2012）6.1.1 滩海陆岸石油设施必须由有资质的设计单位进行设计，所有设计应符合所用规范、标准的要求。

43. 正确

【解析与依据】《滩海陆岸石油作业安全规程》（SY 6634—2012）6.2.3.2 有钻井井架或作业井架等可能影响航空安全的障碍物，应在障碍物的最高点处安装符合航空要求的障碍灯。

44. 正确

【解析与依据】《滩海陆岸石油作业安全规程》（SY 6634—2012）6.2.4.1 地面安全阀保持良好的工作状态；气井、自喷井、自溢井应安装井下封隔器；在海床面30m以下，应安装井下安全阀，并符合下列规定。

45. 正确

【解析与依据】《滩海陆岸石油作业安全规程》（SY 6634—2012）6.2.4.1 地面安全阀保持良好的工作状态；气井、自喷井、自溢井应安装井下封隔器；在海床面30m以下，应安装井下安全阀，并符合下列规定。

46. 正确

【解析与依据】《滩海陆岸石油作业安全规程》（SY 6634—2012）6.2.4.1 地面安全阀保持良好的工作状态；气井、自喷井、自溢井应安装井下封隔器；在海床面以下30m以下，应安装井下安全阀，并符合下列规定：定期进行井下安全阀现场试验，试验间隔不得超过6个月；新安装或者重新安装后应进行试验。

47. 正确

【解析与依据】《滩海陆岸石油作业安全规程》（SY 6634—2012）6.2.4.3 在输送油、气、水管线的首端或末端分别安装具有单流作用的应急关断阀。

48. 正确

【解析与依据】《滩海陆岸石油作业安全规程》（SY 6634—2012）6.2.2.2 井台顶面四周应设置挡浪墙，挡浪墙高度宜为1.0m～1.5m。

49. 正确

【解析与依据】《滩海陆岸石油作业安全规程》（SY 6634—2012）6.2.8 滩海陆岸值班车。滩海陆岸值班车应符合下列规定：配备的通信工具保证随时与滩海陆岸石油设施和陆岸基地通话。

50. 正确

【解析与依据】《滩海陆岸石油作业安全规程》（SY 6634—2012）6.2.8 滩海陆岸值班车。滩海陆岸值班车应符合下列规定：滩海陆岸值班车应接受陆岸石油设施作业负责人的指挥，不得擅自进入或离开。

51. 正确

【解析与依据】《滩海陆岸石油作业安全规程》（SY 6634—2012）7.1.4 安全标志。滩海陆岸石油设施上应设置以下安全标志：滩海陆岸石油设施的危险区以及其他易发生危险的部位，都应设置明显的安全标志和警语。

52. 正确

【解析与依据】《滩海陆岸石油作业安全规程》（SY 6634—2012）7.1.4 安全标志。滩海陆岸石油设施上应设置以下安全标志：至少在滩海通井路入口处设置"危险""过水路面""易滑""注意横风""限制速度"等组合式警告标志、"非生产车辆禁止通行"辅助标志或起落式挡车设施。

53. 正确

【解析与依据】《滩海陆岸石油作业安全规程》（SY 6634—2012）7.1.5.1 根据作业环境特点配备相应的劳动防护用品。

54. 正确

【解析与依据】《滩海陆岸石油作业安全规程》（SY 6634—2012）7.1.5.2 存在落水危险的作业人员应穿救生衣，特殊施工要穿戴相应的劳动防护用品。

55. 正确

【解析与依据】《滩海陆岸石油作业安全规程》（SY 6634—2012）7.2.2 滩海陆岸石油设施生产单位对滩海通井路的车辆制定安全管理规定，并签发通行证，无通行证的车辆严禁驶入。

56. 正确

【解析与依据】《滩海陆岸石油作业安全规程》（SY 6634—2012）7.2.8 大型土方运输、井队搬迁及多车辆进入滩海陆岸石油设施施工作业时，车队负责人或指派专人到现场组织、指挥车辆通行。

57. 正确

【解析与依据】《滩海陆岸石油作业安全规程》（SY 6634—2012）7.2.3 对进入滩海通井路的车辆和驾驶员，应严格进行监控管理。

58. 正确

【解析与依据】《滩海陆岸石油作业安全规程》（SY 6634—2012）7.2.5 在无错车道的滩海通井路段上行驶时，车辆驶入滩海通井路前应变换灯光或鸣号示意，确定对面没有来车后再通行。

59. 错误

【解析与依据】《滩海陆岸石油作业安全规程》（SY 6634—2012）7.2.6 车辆在有错车道的滩海通井路上行驶时，距离错车道近的车辆应主动停靠，让距离错车道远的车辆先通行。

60. 正确

【解析与依据】《滩海陆岸石油作业安全规程》（SY 6634—2012）7.2.4 车辆在滩海通井路上行驶，白天时速应控制在 30km/h 内，夜间时速应控制在 15km/h 内。

61. 正确

【解析与依据】《滩海陆岸石油作业安全规程》（SY 6634—2012）7.2.1 滩海陆岸石油设施的生产及施工单位应对出入滩海通井路的驾驶员和有关生产人员进行特殊路段和环境的安全行车培训教育。

62. 正确

【解析与依据】《滩海陆岸石油作业安全规程》（SY 6634—2012）4.1.2.1 在滩海陆岸石油设施上的作业人员应接受"海上救生""海上急救""平台消防"培训并取证；在滩海陆岸石油设施上配备救生艇筏的，还应持有"救生艇筏操纵证书"。

63. 正确

【解析与依据】《滩海陆岸石油作业安全规程》（SY 6634—2012）6.2.5.3 所有的消防设备都应存放在易于取用的位置，并定期检查，始终保持完好状态，检查应有检查记录标签。

64. 正确

【解析与依据】《海上固定平台安全规则》2.3.2 平台最下层甲板高程。平台最下层甲板应处于设计环境条件时潮汐与波浪最不利组合情况下的最大波峰高程以上，并留有至少 1.5m 的间隙，以保证最下层甲板的安全。

65. 正确

【解析与依据】《海上固定平台安全规则》2.3.3 平台方位应根据平台所在海域的风、浪、流等环境条件、使用要求及安全要求，确定平台方位。

66. 正确

【解析与依据】《海上固定平台安全规则》2.3.4 甲板通道和甲板间梯道。应根据甲板尺度大小、生产作业和人员逃生的需要设置两处或多处甲板通道和甲板间梯道。

67. 错误

【解析与依据】《海上固定平台安全规则》2.3.4 甲板通道和甲板间梯道。应根据甲板尺度大小、生产作业和人员逃生的需要设置两处或多处甲板通道和甲板间梯道。

68. 正确

【解析与依据】《海上固定平台安全规则》2.3.5.2 油、气井应设置与油藏压力相适应的井口装置。气井、自喷井、应设井上安全阀和井下安全阀。油藏能量低的井，在安全分析的基础上，经安全办公室批准可只设井上安全阀。

69. 正确

【解析与依据】《滩海石油人工岛安全规则》（SY/T 6777—2017）4.3 从事人工岛的设计、建造、安装以及生产的全过程中，实施发证检验制度。人工岛的发证检验包括建造检验、生产运行中的年度检验、定期检验和临时检验。检验程序和技术要求应符合 SY/T 7051《人工岛石油设施检验技术规范》的规定。

70. 正确

【解析与依据】《滩海石油人工岛安全规则》（SY/T 6777—2017）4.2 从事人工岛石油作业的人员资格应符合 SY/T 6345《海洋石油作业人员安全资格》的规定。

71. 错误

【解析与依据】《滩海石油人工岛安全规则》（SY/T 6777—2017）4.3 从事人工岛的设计、建造、安装以及生产的全过程中，实施发证检验制度。人工岛的发证检验包括建造检验、生产运行中的年度检验、定期检验和临时检验。检验程序和技术要求应符合 SY/T 7051《人工岛石油设施检验技术规范》的规定。

72. 正确

【解析与依据】《滩海石油人工岛安全规则》（SY/T 6777—2017）5.1.2 人工岛的形状应根据风向、流向、流冰方向等因素综合考虑确定，并满足使用功能的要求。

73. 正确

【解析与依据】《滩海石油人工岛安全规则》（SY/T 6777—2017）6.1.3 生活区应布置在人工岛全年最小频率风向的下风侧，放空管或放空火炬应布置在全年最小频率风向的上风侧。辅助生活区、有火处理区、注入区、无火处理区、原油储存区、井口区等宜在生活区全年最小频率风向的上风侧依次布置。

74. 正确

【解析与依据】《滩海石油人工岛安全规则》（SY/T 6777—2017）6.2.6.2 布置应符合下列要求：生活区的辅助用房、医务室、应急避难房、生活水处理装置等应考虑临时作业人员的需要。

75. 正确

【解析与依据】《滩海石油人工岛安全规则》（SY/T 6777—2017）6.2.6.2 布置应符合下列要求：可与应急发电设备、海水淡化装置安装在同一区域内，但应控制噪声和污染。

76. 正确

【解析与依据】《滩海石油人工岛安全规则》（SY/T 6777—2017）7.7.3 钻井作业现场应至少配备 15 套正压式空气呼吸器，修井作业现场应至少配备 10 套正压式空气呼吸器。

77. 正确

【解析与依据】《滩海石油人工岛安全规则》（SY/T 6777—2017）3.1 石油人工岛是指以砂、石、混凝土等为主要材料建成的与陆岸无连接的岛式构筑物与勘探开发配套的石油设施。

78. 正确

【解析与依据】《海上固定平台安全规则》7.1.7 检验、试验与证书。平台上的所有通用机械设备均应有符合要求的出厂合格证书。

79. 正确

【解析与依据】《滩海石油人工岛安全规则》（SY/T 6777—2017）11.1.1 生活区包括办公室、居住室、餐厅食堂、娱乐室、医务室、卫生间、通信室、控制室、应急避难房等。应根据定员人数及健康、安全需要配置有关室内设施。

80. 正确

【解析与依据】《滩海石油人工岛安全规则》（SY/T 6777—2017）17.3.9 钻（修）井作业的逃生与救生装置应符合下列要求：应配备急救箱，急救箱内至少装有两套工作救生衣、防水手电及配套电池、简单的医疗包扎用品和日常常用药品。

81. 正确

【解析与依据】《滩海石油人工岛安全规则》（SY/T 6777—2017）9.1.4 油管和消防管系上的管系附件垫片应由不燃材料制成。

82. 正确

【解析与依据】《滩海石油人工岛安全规则》（SY/T 6777—2017）5.2.1.7 人工岛应根据不同的使用需要进行地基处理，以满足稳定性和承载力要求。

83. 正确

【解析与依据】《滩海石油人工岛安全规则》（SY/T 6777—2017）16.2.2.6 采用海水或类似介质作为消防水源时，消防泵和所有附件应采用抗海水腐蚀的材料。

84. 正确

【解析与依据】《浅海石油作业井控规范》（SY 6432—2019）4.2.1.1 固定于钻井设施上的装置：远程控制台至少采用两种以上驱动方式。

85. 正确

【解析与依据】《海上固定平台安全规则》6.2.3.1 分流器平台作业者可根据浅层地质情况决定是否配置分流器。

86. 正确

【解析与依据】《海上固定平台安全规则》8.3.5 在起重司机座位附近，应安装红色应急停止开关，当该开关动作时，能使所有制动装置立即动作。应急停止开关应涂以红色，并应标明开关位置的标记和防误操作保护。

三、多项选择题答案与解析

1. A B C D

【解析与依据】《海洋石油安全管理细则》（国家安全生产监督管理总局令〔2009〕第 25 号）第二十五条 起重作业应当符合下列规定：（一）操作人员持有特种作业人员资格证书，熟悉起重设备的操作规程，并按规程操作；（二）起重设备明确标识安全起重负荷；若为活动吊臂，标识吊臂在不同角度时的安全起重负荷；（三）按规定对起重设备进行维护保养，保证刹车、限位、起重负荷指示、报警等装置齐全、准确、灵活、可靠；（四）起重机及吊物附件按规定定期检验，并记录在起重设备检验簿上。

2．ACD

【解析与依据】《海洋石油安全管理细则》（国家安全生产监督管理总局令〔2009〕第25号）第七十六条　系物器具和被系器具有下列情形之一的，应当停止使用：（一）已达到报废标准而未报废，或者已经报废的；（二）未标明检验日期的；（三）超过规定检验期限的。

3．ABCD

【解析与依据】《海洋石油安全管理细则》（国家安全生产监督管理总局令〔2009〕第25号）第十九条　设施的作业者或者承包者应当建立动火、电工作业、受限空间作业、高空作业和舷（岛）外作业等审批制度。

4．ABD

【解析与依据】《海洋石油安全管理细则》（国家安全生产监督管理总局令〔2009〕第25号）第二十八条　直升机起降管理应当符合下列规定：直升机起飞或者降落前，起降联络负责人应当组织做好下列准备工作；排放天然气、射孔或者试油作业时，若未采取可靠的安全措施，禁止直升机靠近设施。

5．ABCD

【解析与依据】《海洋石油安全管理细则》（国家安全生产监督管理总局令〔2009〕第25号）第二十八条　直升机起降管理应当符合下列规定：直升机起飞或者降落前，起降联络负责人应当组织做好下列准备工作；检查直升机甲板安全设施是否处于完好状态，包括灯光、防滑网、消防设备和应急工具等。

6．ABCD

【解析与依据】《海洋石油安全管理细则》（国家安全生产监督管理总局令〔2009〕第25号）第四十八条　设施应当制定电气设备检修前后的安全检查、日常运行检查、安全技术检查、定期安全检查等制度，建立健全电气设备的维修操作、电焊操作和手持电动工具操作等安全规程，并严格执行。

7．ABCD

【解析与依据】《海洋石油安全管理细则》（国家安全生产监督管理总局令〔2009〕第25号）第四十七条作业者或者承包者及直升机所属公司，应当通过协商制订飞行条件与应急飞行、乘机安全、载物安全和飞行故障、飞行事故报告等制度。

8．AC

【解析与依据】《海洋石油安全管理细则》（国家安全生产监督管理总局令〔2009〕第25号）第七十七条　作业者、承包者应当建立放射性、爆炸性物品（以下简称危险物品）的领取和归还制度。

9. A B C D

【解析与依据】《海洋石油安全生产规定》(国家安全生产监督管理总局令〔2006〕第 4 号) 第十三条　海洋石油生产设施试生产前, 应当经发证检验机构检验合格, 取得最终检验证书或者临时检验证书, 并制订试生产的安全措施, 于试生产前 45 日报海油安办有关分部备案。海油安办有关分部应对海洋石油生产设施的状况及安全措施的落实情况进行检查。

10. A B C D

【解析与依据】《海洋石油安全生产规定》(国家安全生产监督管理总局令〔2006〕第 4 号) 第二条　在中华人民共和国的内水、领海、毗连区、专属经济区、大陆架以及中华人民共和国管辖的其他海域内的海洋石油开采活动的安全生产, 适用本规定。

11. A B C D

【解析与依据】《海洋石油安全生产规定》(国家安全生产监督管理总局令〔2006〕第 4 号) 第二十五条　在海洋石油生产设施的设计、建造、安装以及生产的全过程中, 实施发证检验制度。

12. A B C D

【解析与依据】《海洋石油安全生产规定》(国家安全生产监督管理总局令〔2006〕第 4 号) 第三十五条　应急预案应当包括以下主要内容: 作业者和承包者的基本情况、危险特性、可利用的应急救援设备; 应急组织机构、职责划分、通信联络; 应急预案启动、应急响应、信息处理、应急状态中止、后续恢复等处置程序; 应急演习与训练。

13. A B C D

【解析与依据】《海洋石油安全生产规定》(国家安全生产监督管理总局令〔2006〕第 4 号) 第三十六条　应急预案应充分考虑作业内容、作业海区的环境条件、作业设施的类型、自救能力和可以获得的外部支援等因素, 应能够预防和处置各类突发性事故和可能引发事故的险情, 并随实际情况的变化及时修改或者补充。

14. A B C

【解析与依据】《海洋石油安全生产规定》(国家安全生产监督管理总局令〔2006〕第 4 号) 第三十九条　海油安办及其有关分部、有关部门接到重大事故报告后, 应当立即赶到事故现场, 组织事故抢救、事故调查。

15. A B C D

【解析与依据】《海洋石油安全生产规定》(国家安全生产监督管理总局令〔2006〕第 4 号) 第三十六条　应急预案应充分考虑作业内容、作业海区的环境条件、作业设施的类型、自救能力和可以获得的外部支援等因素, 应能够预防和处置各类突发性事故和可能引发事故的险情, 并随实际情况的变化及时修改或者补充。事故和险情包括以下情况: 井喷失控、火灾与爆炸、平台遇险、飞机或者直升机失事、船舶海损、油(气)生产设施与管线破损/泄漏、有毒有害物质泄漏、放射性物质遗散、潜水作业事故；人员重伤、死亡、失踪及暴发性传染病、中毒；溢油事故、自然灾害以及其他紧急情况等。

16. A B C D

【解析与依据】《海洋石油安全生产规定》（国家安全生产监督管理总局令〔2006〕第 4 号）第四十五条　本规定下列用语的定义：海洋石油作业设施，是指用于海洋石油作业的海上移动式钻井船（平台）、物探船、铺管船、起重船、固井船、酸化压裂船等设施。

17. A B C D

【解析与依据】《海洋石油安全生产规定》（国家安全生产监督管理总局令〔2006〕第 4 号）第四十五条本规定下列用语的定义：海洋石油生产设施，是指以开采海洋石油为目的的海上固定平台、单点系泊、浮式生产储油装置、海底管线、海上输油码头、滩海陆岸、人工岛和陆岸终端等海上和陆岸结构物。

18. A C D

【解析与依据】《国家安全生产监督管理总局海洋石油作业安全办公室工作规则》。

19. A B C D E

【解析与依据】《海洋石油安全管理细则》（国家安全生产监督管理总局令〔2009〕第 25 号）第四章安全培训。

20. A B C D

【解析与依据】《海洋石油企业安全生产许可证申办指南》。

21. A B C

【解析与依据】《海洋石油安全生产知识和管理能力考核与发证指南》。

22. A B C D

【解析与依据】《海洋石油安全生产规定》（国家安全生产监督管理总局令〔2006〕第 4 号）第三十三条　承担海洋石油生产设施发证检验、专业设备检测检验、安全评价和安全咨询的中介机构应当具备国家规定的资质。

23. A C D

【解析与依据】《滩海陆岸石油作业安全规程》（SY 6634—2012）5.2.5 在用的滩海陆岸石油设施符合以下条件之一时，应进行专项安全评价。a）当环境条件发生变化，生产设施低于设计标准时；b）发生事故，结构物严重受损需要重建、改建和修复时；c）发生重大安全隐患，提出要求时。

24. A B D

【解析与依据】《滩海陆岸石油作业安全规程》（SY 6634—2012）6.1.2.2 滩海陆岸石油设施设计选用的滩海环境条件的重现期应根据油气田的规模、设施的重要程度和环境资料等因素确定。

25. A B C

【解析与依据】《滩海陆岸石油作业安全规程》（SY 6634—2012）6.2.6.1 滩海陆岸石油设施上应至少配备以下救生设备：a）4个救生圈（带30m救生浮索），其中2个带自亮浮灯，2个带自发烟雾信号和自亮浮灯；b）每人配备工作救生衣，在工作场所配备一定数量的工作救生衣或救生背心，在寒冷海区，每位人员配备1件保温救生服。

26. A B C D

【解析与依据】《滩海陆岸石油作业安全规程》（SY 6634—2012）6.2.6.2 在滩海陆岸井台上，应设置暂避恶劣天气的应急避难房，应急避难房应至少符合以下要求：a）能够容纳生产作业人员。b）结构强度应比滩海陆岸井台高一个等级。c）地面应高出挡浪墙1.0m。d）应采取基础稳定、结构可靠的固定式钢筋混凝土结构或用移动式钢结构。e）配备供避难人员5d所需的救生食品、饮用水。f）配备急救箱，至少装有2套工作救生衣，防水手电及配套电池，简单的医疗包扎用品和日常药品。g）配备应急通信装置。

27. A B C D

【解析与依据】《滩海陆岸石油作业安全规程》（SY 6634—2012）7.1.2 制度滩海陆岸石油设施的主管单位至少应建立但不限于以下安全管理制度：a）安全生产责任制；b）天气预报信息管理制度；c）安全检查制度；d）安全会议制度；e）安全培训教育制度；f）安全汇报制度；g）事故管理制度；h）安全应急程序和演习制度；i）进入滩海陆岸石油设施的门禁管理制度。

28. A B C D E

【解析与依据】《滩海陆岸石油作业安全规程》（SY 6634—2012）7.1.3 滩海陆岸石油设施应建立安全管理记录，包括但不限于以下内容：a）班组安全管理记录；b）大风或其他灾害性天气、海况等气象记录；c）所配备的救生设备、属具、安全器材及其检测工具的维修、检查、更换记录；d）安全生产隐患整改记录；e）设施受损记录；f）专业设备管理档案。

29. A B C D E

【解析与依据】《滩海陆岸石油作业安全规程》（SY 6634—2012）7.1.4 安全标志。滩海陆岸石油设施上应设置以下标志：至少在滩海通井路入口处设置"危险""过水路面""易滑""注意横风""限制速度"等组合式警告标志，"非生产车辆禁止通行"辅助标志或起落式挡车设施。

30. A B C D E

【解析与依据】《滩海陆岸石油作业安全规程》（SY 6634—2012）7.2.7 遇下列情况之一时，禁止车辆驶入滩海通井路：a）冰雪路滑；b）雨、雾、沙尘暴天气，能见度在100m以内；c）风力≥6级，高潮位距地面≤0.3m；d）风力<6级，高潮位距地面≤0.2m；e）风力≥8级；f）海浪对车辆安全行驶有影响时。

31. A B C D E

【解析与依据】《滩海陆岸石油作业安全规程》(SY 6634—2012) 7.3.1 冰期作业。在结冰水域作业应根据冰情,作业前应制订详细的防范措施,至少应包括以下内容:a) 冰期对作业设施的危害;b) 冰期作业场所的限制条件;c) 冰期生产管理要求,各管理部门和现场作业者岗位职责;d) 冰期作业操作程序;e) 应急措施。

32. A B C D

【解析与依据】《滩海陆岸石油作业安全规程》(SY 6634—2012) 7.3.1 冰期作业。在结冰水域作业应根据冰清,作业前制订详细的防范措施,至少应包括以下内容:a) 冰期对作业设施的危害;b) 冰期作业现场的限制条件;c) 冰期生产管理要求,各管理部门和现场作业者岗位职责;d) 冰期作业操作程序;e) 应急措施。

33. A B D

【解析与依据】《海上固定平台安全规则》2.2.1 设计条件油(气)田开发工程的主要设计条件:环境条件:用以确定设计环境条件的原始资料必须可靠、连续和有代表性。推算设计环境条件的方法应是公认的。

34. A B C D E

【解析与依据】《海上固定平台安全规则》2.3.1 平台布置的原则。根据下述原则确定甲板上钻井、修井设备和(或)油(气)生产设备、公用和生活设施的布置,并确定甲板尺寸:a) 满足安全、防火、消防、人员逃生和救生的需要;b) 满足生产作业的需要;c) 满足维修及事故处理的需要;d) 满足结构合理性的需要;e) 满足海上施工的需要。

35. A B C

【解析与依据】《海上固定平台安全规则》2.3.4 甲板通道和甲板间梯道。应根据甲板尺度大小、生产作业和人员逃生的需要设置两处或多处甲板通道和甲板间梯道。

36. A B C

【解析与依据】《滩海石油人工岛安全规则》(SY/T 6777—2017) 6.1.1 人工岛的位置应根据油藏分布、钻井能力、环境条件等因素确定。

37. A B C

【解析与依据】《滩海石油人工岛安全规则》(SY/T 6777—2017) 5.1.1 人工岛的形状应根据风向、流向、流冰方向等因素确定。

第二章　安全生产管理知识

一、单项选择题答案与解析

1. B

【解析与依据】见《安全标志及其使用导则》（GB 2894—2008）中 4.3.3。

2. A

【解析与依据】见《安全标志及其使用导则》（GB 2894—2008）中 4.3.3。

3. A

【解析与依据】见《安全标志及其使用导则》（GB 2894—2008）中 4.2.3。

4. B

【解析与依据】见《海洋石油安全警示标志》（SY/T 6632—2017）。

5. A

【解析与依据】见《海洋石油安全警示标志》（SY/T 6632—2017）。

6. C

【解析与依据】见《海洋石油安全警示标志》（SY/T 6632—2017）。

7. A

【解析与依据】可造成人员死亡、伤害、职业病、财产损失或其他损失的意外事件称为事故。

8. A

【解析与依据】《生产安全事故报告和调查处理条例》（国务院令〔2007〕第 493 号）根据生产安全事故（以下简称事故）造成的人员伤亡或者直接经济损失，事故一般分为以下等级：（一）特别重大事故，是指造成 30 人以上死亡，或者 100 人以上重伤（包括急性工业中毒），或者 1 亿元以上直接经济损失的事故；（二）重大事故，是指造成 10 人以上 30 人以下死亡，或者 50 人以上 100 人以下重伤，或者 5000 万元以上 1 亿元以下直接经济损失的事故；（三）较大事故，是指造成 3 人以上 10 人以下死亡，或者 10 人以上 50 人以下重伤，或者 1000 万元以上 5000 万元以下直接经济损失的事故；（四）一般事故，是指造成 3 人以下死亡，或者 10 人以下重伤，或者 1000 万元以下直接经济损失的事故。

9. B

【解析与依据】事故隐患分为一般事故隐患和重大事故隐患。一般事故隐患，是指危害和整改难度较小，发现后能够立即整改排除的隐患。重大事故隐患，是指危害和整改难度较大，应当全部或者局部停产停业，并经过一定时间整改治理方能排除的隐患，或者因外部因素影响致使生产经营单位自身难以排除的隐患。

10. B

【解析与依据】目前进行事故调查处理应坚持实事求是、尊重科学、四不放过、公正公开和分级管辖的原则。

11. B

【解析与依据】《生产安全事故报告和调查处理条例》（国务院令〔2007〕第493号）规定：造成人员伤亡或者直接损失事故一般分为4等级：特别重大事故、重大事故、较大事故和一般事故。

12. A

【解析与依据】呼吸道是人体摄入生产性毒物的最主要、最危险的途径。

13. B

【解析与依据】采用无毒、低毒物质代替高毒、剧毒物质是从根本上解决毒物危害的首选办法。

14. C

【解析与依据】职业安全健康管理体系中计划与实施的内容有：运行控制、应急预案与响应、初始评审。

15. A

【解析与依据】劳动者离开用人单位时，有权索取本人职业健康监护档案原件，用人单位应当如实、无偿提供，并签章。

16. C

【解析与依据】根据《中华人民共和国安全生产法》第五十三条规定：因生产安全事故受到损害的从业人员，除依法享有工伤保险外，依照有关民事法律尚有获得赔偿的权利的，有权向本单位提出赔偿要求。

二、判断题答案与解析

1. 正确

【解析与依据】故障树，是一种描述事故因果关系的"树"。不仅能分析出事故的直接原因，而且能够深入提示事故的潜在原因。

2. 错误

【解析与依据】基本事件的基本结合不属于作业条件危险性评价内容。

3. 正确

【解析与依据】法律、法规和其他要求是生产经营单位评审和修订目标与管理方案的依据。

4. 正确

【解析与依据】定性安全评价方法是根据经验和直观判断能力对生产系统的工艺、设备、设施、环境、人员和管理等方面的状况进行的分析评价。

5. 正确

【解析与依据】故障树分析是系统安全工程中找出需要的分析方法之一，它是从结果到原因描述事故发生的有方向的逻辑。

6. 正确

【解析与依据】安全第一就是安全优先。管理的最根本目的就是要预防事故的发生。

7. 正确

【解析与依据】系统原理中的封闭原则是在任何一个管理系统内部，管理手段、管理过程等必须构成一个连续封闭的回路，才能形成有效的管理活动。

8. 错误

【解析与依据】由于人们违背自然或客观规律，违反法律、法规、规章和标准等的各种行为而造成的事故属于责任事故。

9. 正确

【解析与依据】重大危险源控制系统的建立，是预防重大工业事故、降低事故造成的损失的有效手段。

10. 正确

【解析与依据】省级煤矿安全监察机构组织、指导和监督所辖区域内煤矿企业的主要负责人、安全生产管理人员和特种作业人员的培训工作。

11. 正确

【解析与依据】安全生产方针及其任何修订均须告知企业所有员工。

12. 错误

【解析与依据】从业人员在本生产经营单位内调整工作岗位或离岗1年以上重新上岗时，应当重新接受车间（工段、区、队）和班组级的安全培训。

13. 正确

【解析与依据】安全生产方针应向关注组织的安全行为或受其安全行为影响的个人或团体进行传递。

14. 正确

【解析与依据】生产经营单位的安全生产管理人员应当根据本单位的生产经营特点，对安全生产状况进行经常性检查；对检查中发现的安全问题，应当立即处理；不能处理的，应当及时报告本单位有关负责人。

15. 正确

【解析与依据】根据《中华人民共和国安全生产法》第二十条规定：生产经营单位应

当具备安全生产条件所必需的资金投入,由生产经营单位的决策机构、主要负责人或者个人经营的投资人予以保证,并对由于安全生产所必需的资金投入不足导致的后果承担责任。

16. 正确

【解析与依据】企业在识别相关的法律、法规需求时应考虑:国家法律、法规,省、部委及地方法规,行业标准,国际惯例。

17. 正确

【解析与依据】专业性安全检查表、厂级安全检查表、车间用安全检查表均属于安全检查表常用类型。

18. 正确

【解析与依据】安全生产管理的目标是减少和控制危害,减少和控制事故,尽量避免生产过程中由于事故所造成的人身伤害、财产损失、环境污染以及其他损失。

19. 错误

【解析与依据】安全生产管理机构指的是生产经营单位中专门负责安全生产监督管理的内设机构,其工作人员都是专职安全生产管理人员。

20. 错误

【解析与依据】员工有权拒绝存在安全健康环境隐患的工作,经评估工作现场和条件满足安全健康环境要求,员工不可拒绝返回工作。

21. 正确

【解析与依据】当作业方式、新技术、新工艺应用发生变化时,企业应识别可能带来的风险。

22. 正确

【解析与依据】《中华人民共和国安全生产法》第十八条 生产经营单位的主要负责人对本单位安全生产工作负有下列职责:(一)建立、健全本单位安全生产责任制;(二)组织制定本单位安全生产规章制度和操作规程;(三)组织制订并实施本单位安全生产教育和培训计划;(四)保证本单位安全生产投入的有效实施;(五)督促、检查本单位的安全生产工作,及时消除生产安全事故隐患;(六)组织制定并实施本单位的生产安全事故应急救援预案;(七)及时、如实报告生产安全事故。

23. 正确

【解析与依据】横向到边是指在目标的横向分解中,每一个相关的职能部门都要相应地设立自己的目标,而不能出现"盲区"和"失控点"。横向分解后的分目标是处于同一层次的,是实现上级目标的不同手段。

24. 正确

【解析与依据】对于生产经营单位的主要负责人在安全生产方面的职责,《中华人民共和国安全生产法》有明确的规定,对安全生产工作全面负责,其他负责人协助工作。

25. 正确

【解析与依据】我国安全生产方针中的综合治理强调的是标本兼治，重在治本。

26. 正确

【解析与依据】企业的相关方包括：供应商、承包商、客户或消费者、股东或投资者等。

27. 正确

【解析与依据】利用事先设计好的薄弱环节，使事故能量按照人们的意图释放，防止能量作用于被保护的人或物，如锅炉上的易熔塞、电路中的熔断器、安全阀等。

28. 正确

【解析与依据】安全生产预防原理的3E原则，可以通过工程技术对策、教育对策和法制对策，有效地预防人的不安全行为和物的不安全状态。

29. 正确

【解析与依据】直接责任者即其行为与事故发生有直接责任的人员，如违章作业人员。

30. 错误

【解析与依据】我国工伤保险基金实行社会统筹，由生产经营单位为职工缴纳。

31. 正确

【解析与依据】事故原因未查明不放过，责任人未处理不放过，整改措施未落实不放过，有关人员未受到教育不放过。

32. 错误

【解析与依据】安全生产许可证有效期为3年，不设年检，有效期满需要延期的，企业应当于期满前3个月向原颁发管理机关办理延期手续。

33. 错误

【解析与依据】企业虽然开展了作业风险评估，但员工在进行电气操作前，必须进行操作前的风险分析。

34. 正确

【解析与依据】有了安全并不意味着有了一切，但是没有安全就没有一切。

35. 错误

【解析与依据】根据终身教育的观念，生产经营单位应当对在岗的从业人员进行经常性的安全生产教育培训。

36. 正确

【解析与依据】急救员必须接受健康和急救知识培训，并持有专业管理部门颁发的急救合格证。

37. 正确

【解析与依据】安全生产"五要素"是指安全文化、安全法制、安全责任、安全科技和安全投入。

38. 正确

【解析与依据】根据安全规章制度建设原则、系统性原则。

39. 正确

【解析与依据】从业人员通过安全教育培训，掌握了岗位操作规程，但因未遵守操作规程而造成事故，则该行为人应负直接责任。

40. 错误

【解析与依据】根据《劳动防护用品监督管理规定》（国家安全生产监督管理总局令〔2005〕第1号），按照劳动防护用品的防护性能，将劳动防护用品分为一般劳动防护用品、特种劳动防护用品两大类。

41. 错误

【解析与依据】股份制企业、合资企业等安全生产投入资金由董事会予以保证。

42. 正确

【解析与依据】在工业生产中，要严格执行各种票证，没有作业许可票不得进行危险作业。

43. 正确

【解析与依据】用火管理中，企业规定一张火票仅限一处动火。

44. 错误

【解析与依据】采样分析合格的容器内作业，必须安排监护人员，单独作业是允许的。

45. 正确

【解析与依据】在厂区内动土，必须提前一天申请办理动土票。

46. 错误

【解析与依据】营救触电人员时，救护人员不可直接用手，但可用干燥绝缘的工具作为救护工具。

47. 正确

【解析与依据】根据《海洋石油安全生产规定》（国家安全生产监督管理总局令〔2006〕第4号）第二十二条规定：作业者和承包者应当建立守护船值班制度，在海洋石油生产设施和移动式钻井船（平台）周围应备有守护船值班。无人值守的生产设施和陆岸结构物除外。

48. 正确

【解析与依据】常用的安全评价方法包括：安全检查表法、故障假设分析法、危险与可操作性研究、定量分析评价法、预先危险性分析法、危险指数评价法、故障树分析法和作业条件危险性评价法等。

49. 正确

【解析与依据】在国家与行政管理部门之间，实行的综合监管和行业监管，国务院安全生产委员会负责全面统筹协调安全生产工作。

50. 正确

【解析与依据】在《中华人民共和国安全生产法》中，将"安全第一、预防为主"规定为我国安全生产工作的基本方针。在十六届五中全会上，又提出了"安全第一，预防为主，综合治理"的安全生产方针。

51. 正确

【解析与依据】要求用人单位组织接触职业病危害因素的劳动者进行上岗前的职业健康检查，不得安排未经上岗前职业健康检查的劳动者从事接触性职业病危害因素的作业。

52. 正确

【解析与依据】高温作业（work in hot environment）是指有高气温、或有强烈的热辐射、或伴有高气湿（相对湿度≥80%RH）相结合的异常作业条件、湿球黑球温度指数（WBGT指数）超过规定限值的作业。包括高温天气作业和工作场所高温作业。

53. 错误

【解析与依据】应该由企业的主要负责人签发。

54. 正确

【解析与依据】调整工作岗位和离岗后重新上岗的安全教育培训工作，原则上由车间级组织。

55. 正确

【解析与依据】《中华人民共和国劳动法（2018修正）》第九十三条规定：用人单位强令劳动者违章冒险作业，发生重大伤亡事故，造成严重后果的，对责任人员依法追究刑事责任。

56. 错误

【解析与依据】事故发生后，单位负责人应于1h内向安全生产监督管理部门报告。

57. 正确

【解析与依据】根据《生产安全事故报告和调查处理条例》（国务院第493号），对事故发生单位主要负责人处上一年年收入40%~80%的罚款的情形有：不立即组织事故抢险、迟报或者漏报事故、在事故调查处理期间擅离职守。

58. 正确

【解析与依据】根据《劳动防护用品监督管理规定》（国家安全生产监督管理总局令〔2005〕第1号）的有关规定，劳动防护用品生产企业所生产的特种劳动防护用品，必须取得特种劳动防护用品安全标志，否则不得生产和销售。

59. 正确

【解析与依据】特种作业人员的安全技术考核，应以实际操作技能考核为主。

60. 正确

【解析与依据】根据《特种作业人员安全技术培训考核管理规定》(国家安全生产监督管理总局令〔2015〕第80号)第五条规定：特种作业人员必须经专门的安全技术培训并考核合格，取得《中华人民共和国特种作业操作证》后，方可上岗作业。

61. 正确

【解析与依据】在安全检查中，检查组应当对查出的隐患的整改落实进行复查，以实现安全检查工作的闭环。

62. 错误

【解析与依据】在生产经营单位的安全生产工作中，最基本的安全管理制度是安全生产责任制。

63. 正确

【解析与依据】班组是最基本的安全生产单位，班组长是这个基层的领导者，所以班组长是安全生产法律法规和规章制度的直接执行者，每个岗位的职工要对自己本岗位的安全生产工作负直接责任。

64. 正确

【解析与依据】班组安全生产是搞好安全生产工作的关键，班组长全面负责本班组的安全生产，是安全生产法律、法规和规章制度的直接执行者。

65. 错误

【解析与依据】企业作为生产单位的主体，对本单位的安全生产负主要责任。

66. 正确

【解析与依据】风险的严重程度是不一样的，因此采取的措施也就各不相同，对风险进行分级，有助于安全措施的制订。

67. 正确

【解析与依据】"三不伤害"是指不伤害自己、不伤害他人、不被他人伤害。

68. 错误

【解析与依据】疏散和救援不属于为防止事故发生而采用的安全技术措施。

69. 正确

【解析与依据】根据《中华人民共和国安全生产法》第一百一十二条规定：重大危险源，是指长期地或者临时地生产、搬运、使用或者储存危险物品，且危险物品的数量超过或者等于临界量的单元（包括场所和设施）。

70. 正确

【解析与依据】根据《危险化学品重大危险源辨识》（GB 18218—2018）的规定。

71. 错误

【解析与依据】辨识各类危险因素及其原因与机制不属于重大危险源分析的内容，而编制事故应急预案属于重大危险源分析的内容。

72. 正确

【解析与依据】危险源是指可能造成人员伤害、疾病、财产损失、作业环境破坏或其他损失的根源或状态。

73. 正确

【解析与依据】重大危险源评价以危险单元作为评价对象。

74. 错误

【解析与依据】风险管理的主要内容包括危险源辨识、风险评价、危险预警与监测、事故预防、风险控制及应急管理。

75. 错误

【解析与依据】《中华人民共和国安全生产法》第九十八条　生产经营单位进行爆破、吊装以及国务院安全生产监督管理部门会同国务院有关部门规定的其他危险作业，应当安排专门人员进行现场安全管理，确保操作规程的遵守和安全措施的落实。

76. 错误

【解析与依据】为了加强对重大危险源控制系统的监管，对于新建项目中的重大危险、有害设施，企业应在该项目投入运行前提交重大危险源安全报告。

77. 正确

【解析与依据】生产经营单位应对重大危险源建立实时的监控预警系统。当被实时监测的危险源的各种参数超出正常值的界限时，如不采取应急控制措施，可能会引发火灾、爆炸及重大毒物泄漏事故，这种状态称为事故临界状态。

78. 正确

【解析与依据】偶然损失原则，事故后果及后果的严重程度，都是随机的难以预测的。反复发生的同类事故并不一定产生完全相同的后果。

79. 正确

【解析与依据】电路中的保险丝、锅炉的熔栓等。它们在危险情况出现之前就发生破坏，从而释放或阻断能量，以保证整个系统的安全性是工程技术对策中的薄弱环节。

80. 错误

【解析与依据】生产经营单位在破产或者关闭前，必须排除重大危险源。

81. 错误

【解析与依据】生产经营单位里发生的生产安全事故的原因是多方面的，但主要是"人的因素"。

82. 正确

【解析与依据】事故隐患是指作业场所、设备及设施的不安全状态，人的不安全行为和管理上的缺陷，是引发安全事故的直接原因。危险源是导致事故发生的根源，是具有可能意外释放的能量或危险有害物质的生产装置、设施或场所。重大危险源是指长期地或者临时地生产、搬运、使用或者储存危险物品，且危险物品的数量超过或者等于临界量的单元（包括场所和设施）。

83. 正确

【解析与依据】在检修设备时，应该在电气开关处挂上"禁止合闸"的警示标志。

84. 正确

【解析与依据】根据《中华人民共和国安全生产法》第三十七条规定：生产经营单位对重大危险源应当登记建档，进行定期检测、评估、监控，并制订应急预案，告知从业人员和相关人员在紧急情况下应当采取的应急措施。

85. 正确

【解析与依据】戴好安全帽的主要作用是防止物体打击。

86. 错误

【解析与依据】高处作业是指凡在坠落高度基准面2m以上，有可能坠落的高处行为作业。

87. 错误

【解析与依据】安全生产工作重点是防治人的不安全行为。

88. 错误

【解析与依据】内部环境不属于人的可靠性指标。

89. 错误

【解析与依据】吊面站人也是不可以吊的。

90. 正确

【解析与依据】危险源辨识从设备设施的不安全状态、人的不安全行为、作业环境和条件、管理上的缺陷来分析识别危险源。主要方法有对照、经验法、类比方法、系统安全分析方法。

91. 正确

【解析与依据】在管理中必须把人的因素放在首位，体现以人为本的指导思想，这是人本原理。

92. 错误

【解析与依据】红色表示禁止、停止，也表示防火；蓝色表示指令或必须遵守的规定；黄色表示警告、注意；绿色表示指示、安全状态、通行。

93. 错误

【解析与依据】从长远观点来看，低成本、高效率的预防措施是减少事故损失的关键。

94. 正确

【解析与依据】高处作业过程中，高处坠落和物体打击事故最多，是安全防护工作的重点。

95. 错误

【解析与依据】 漏电保护装置主要用于防止人身触电事故。

96. 正确

【解析与依据】 事故调查一般属于计划外应急性调查。

97. 正确

【解析与依据】 根据《中华人民共和国职业病防治法》第七十八条规定：用人单位违反本法规定，造成重大职业病危害事故或者其他严重后果，构成犯罪的，对直接负责的主管人员和其他直接责任人员，依法追究刑事责任。

98. 正确

【解析与依据】 按一次职业病危害事故所造成的危害严重程度，职业病危害事故中的特大事故是指：发生急性职业病 50 人以上或者死亡 5 人以上，或者发生职业性炭疽 5 人以上的。

99. 正确

【解析与依据】 船舶发生事故造成或者可能造成水体污染的，海事管理机构应当组织强制打捞清除或者强制拖航，费用由肇事船方负担。

100. 错误

【解析与依据】 发生电气设备火灾，如果附近没有灭火器，不可以用水扑救。

101. 正确

【解析与依据】 "机械设备带病运转""使用安全装置失灵"往往都是导致事故发生的管理因素。

102. 错误

【解析与依据】 需要绘制现场简图及做出书面记录。

103. 错误

【解析与依据】 因事故导致产值减少、资源破坏和受事故影响而造成其他损失的价值称为直接经济损失。

104. 错误

【解析与依据】 通用机械的急停装置不可以用来代替安全防护措施和其他安全功能。

105. 错误

【解析与依据】 大量事故统计表明，工艺设备故障、人的误操作、安全管理上的缺陷是引发事故发生的三大原因。

106. 正确

【解析与依据】 在事故应急管理过程中，工厂选址的安全规划属于应急管理的预防过程。

107. 错误

【解析与依据】根据《生产安全事故报告和调查处理条例》(国务院令〔2007〕第493号);生产安全事故调查报告报送负责事故调查的人民政府批准后,事故调查工作即告结束。

108. 正确

【解析与依据】有关机关应当按照对事故调查报告的批复,依照法律、行政法规规定的权限和程序,对事故发生单位进行行政处罚。

109. 正确

【解析与依据】防止特大事故的第一步是以重大危险源辨识标准为依据,确认或辨识重大危险源。

110. 正确

【解析与依据】从业人员发现直接危及人身安全的紧急情况时,有权停止作业或者在采取可能的应急措施后撤离作业场所。

111. 错误

【解析与依据】根据《生产安全事故报告和调查处理条例》(国务院令〔2007〕第493号)第三条规定:特别重大事故,是指造成30人以上死亡,或者100人以上重伤(包括急性工业中毒),或者1亿元以上直接经济损失的事故。

112. 正确

【解析与依据】根据《生产安全事故报告和调查处理条例》(国务院令〔2007〕第493号)第三条规定:较大事故,是指造成3人以上10人以下死亡,或者10人以上50人以下重伤,或者1000万元以上5000万元以下直接经济损失的事故。

113. 错误

【解析与依据】《生产安全事故报告和调查处理条例》(国务院令〔2007〕第493号)规定:事故发生单位主要负责人受到刑事处罚或者撤职处分的,自刑罚执行完毕或者受处分之日起5年内不得担任任何生产经营单位的主要负责人。

114. 正确

【解析与依据】未造成人员伤亡的一般事故,县级人民政府可以委托事故发生单位组织事故调查组进行调查。

115. 错误

【解析与依据】工会依法参加事故调查处理,有权向有关部门提出处理意见。事故调查处理是安全生产的重要环节,工会参加事故调查处理,是其法定权利,《中华人民共和国安全生产法》《中华人民共和国工会法》等法律对此都作了规定。

116. 正确

【解析与依据】根据《生产安全事故报告和调查处理条例》(国务院令〔2007〕第493号)第十六条规定:事故发生后,有关单位和人员应当妥善保护事故现场以及相关证据,任何单位和个人不得破坏事故现场、毁灭相关证据。因抢救人员、防止事故扩大以及疏通交通等原因，需要移动事故现场物件的，应当做出标志，绘制现场简图并做出书面记录，妥善保存现场重要痕迹、物证。

117. 正确

【解析与依据】事故发生单位的负责人和有关人员在事故调查期间不得擅离职守，并应当随时接受事故调查组的询问。事故调查中需要进行技术鉴定的，事故调查组应当委托具有国家规定资质的单位进行技术鉴定。

118. 错误

【解析与依据】根据《生产安全事故报告和调查处理条例》（国务院令〔2007〕第493号）第三十五条规定：事故发生单位主要负责人有下列行为之一的，处上一年年收入40%～80%的罚款；属于国家工作人员的，并依法给予处分；构成犯罪的，依法追究刑事责任：（一）不立即组织事故抢救的；（二）迟报或者漏报事故的；（三）在事故调查处理期间擅离职守的。

119. 错误

【解析与依据】操作体位不良不属于劳动过程有关的职业病危害因素。

120. 错误

【解析与依据】建设项目"三同时"管理不属于一般安全监察基本内容。

121. 正确

【解析与依据】对接触有害作业的新工人，上岗前应开展就业前健康检查。

122. 正确

【解析与依据】职业健康风险评估的结果可应用于制订职业卫生监测计划。

123. 正确

【解析与依据】职业健康系统单元共包括职业健康管理、急救设施及药品控制管理两个要素。

124. 错误

【解析与依据】企业应建立员工的健康档案。

125. 正确

【解析与依据】职业健康检查和监测记录属于安全生产风险管理体系运行数据与记录。

126. 正确

【解析与依据】按体系要求，以下职位应由最高管理者进行书面任命：安全区代表、内部审核员、事故/事件调查员、专职医生、职业卫生员、专职护士。

127. 正确

【解析与依据】劳动保护的对象首先是保护从事生产的劳动者。

128. 正确

【解析与依据】有害因素是指能影响人的身体健康、导致疾病或对物造成慢性损害的因素。

129. 正确

【解析与依据】职业健康安全管理体系的运行模式可以追溯到一系列的系统思想，最主要的是爱德华·戴明的PDCA（即计划、执行、检查、处理）概念。在此基础上并结合职业健康安全管理活动的特点，不同的职业健康安全管理体系标准提出了基本相似的职业健康安全管理体系运行模式，其目的都是为生产经营单位建立一个动态循环的管理过程，以持续改进的思想指导生产单位系统地实现其既定的目标。

130. 正确

【解析与依据】职业危害度评价所需要的基础资料可归纳为三个方面，即毒理学资料、流行病学资料、接触水平资料。

131. 错误

【解析与依据】根据《中华人民共和国职业病防治法》第十七条规定：医疗机构建设项目可能产生放射性职业病危害的，建设单位应当向卫生行政部门提交放射性职业病危害预评价报告。卫生行政部门应当自收到预评价报告之日起三十日内，作出审核决定并书面通知建设单位。未提交预评价报告或者预评价报告未经卫生行政部门审核同意的，不得开工建设。

132. 正确

【解析与依据】职业健康安全管理体系是职业健康安全管理的一种方式。对于尚未建立职业健康安全管理体系的生产经营单位，初始评审可作为其建立职业健康安全管理体系的基础。

133. 正确

【解析与依据】在工作场所中接触职业危害的工人，其职业健康检查的项目及周期应根据工人所接触的职业危害因素类别、国家规定的职业健康检查项目及周期决定。

可参见《职业健康监护技术规范》（GBZ 188—2014）。

134. 正确

【解析与依据】职业危害因素监测的监测记录应当准确、完整并归档保存。

135. 正确

【解析与依据】根据《中华人民共和国职业病防治法》第二十三条规定：用人单位应当优先采用有利于防治职业病和保护劳动者健康的新技术、新工艺、新设备、新材料，逐步替代职业病危害严重的技术、工艺、设备、材料。

三、多项选择题答案与解析

1. A B C D

【解析与依据】PDCA循环是美国质量管理专家休哈特博士首先提出的，由戴明采纳、宣传，获得普及，所以又称戴明环。全面质量管理的思想基础和方法依据就是PDCA循环。PDCA 循环的含义是将质量管理分为四个阶段，即计划（Plan）、执行（Do）、检查（Check）、处理（Act）。

2. A B C

【解析与依据】三级安全教育是指新入厂职员和工人的厂级安全教育、车间级安全教育和岗位（工段、班组）安全教育，是厂矿企业安全生产教育制度的基本形式。三级安全教育制度是企业安全教育的基本教育制度。企业必须对新工人进行安全生产的入厂教育、车间教育、班组教育。

3. A B C

【解析与依据】生产经营单位应当向从业人员如实告知作业场所和工作岗位存在的危险因素、防范措施以及事故应急措施。

4. A B C D

【解析与依据】四不放过是指事故原因未查清不放过、责任人员未处理不放过、整改措施未落实不放过、有关人员未受到教育不放过。

5. A B C D E

【解析与依据】安全生产"五要素"是指安全文化、安全法制、安全责任、安全科技和安全投入。

6. A B C D

【解析与依据】3E 原则：造成人的不安全行为和物的不安全状态的原因可归结为四个方面：技术原因、教育原因、身体和态度原因及管理原因。针对这四个方面原因，可采取 3 种防止对策，即工程技术对策（Engineering）、教育对策（Education）和法制对策（Enforcement）。

7. A B C

【解析与依据】3E 原则：造成人的不安全行为和物的不安全状态的原因可归结为四个方面：技术原因、教育原因、身体和态度原因以及管理原因。针对这四个方面原因，可采取 3 种防止对策，即工程技术对策（Engineering）、教育对策（Education）和法制对策（Enforcement）。

8. A B C

【解析与依据】电路中的熔断丝、锅炉的熔栓、安全阀等。它们在危险情况出现之前就发生破坏，从而释放或阻断能量，以保证整个系统的安全性是工程技术对策中的薄弱环节。

9. A B C D

【解析与依据】生产经营单位对重大危险源应当登记建档，进行定期检测、评估、监控，并制订应急预案。

10. A B C D

【解析与依据】红色表示禁止、停止、也表示防火；蓝色表示指令或必须遵守的规定；黄色表示警告、注意；绿色表示指示、安全状态、通行。

11. A B C

【解析与依据】"三不伤害"是指不伤害自己、不伤害他人、不被他人伤害。

12. A B C D

【解析与依据】从安全生产角度，危险源是指可能造成人员伤害、疾病、财产损失、作业环境破坏或其他损失的根源或状态。

13. A B C

【解析与依据】按一次职业病危害事故所造成的危害严重程度，职业病危害事故中的特大事故是指：发生急性职业病 50 人以上或者死亡 5 人以上，或者发生职业性炭疽 5 人以上的。

14. A B C

【解析与依据】根据《生产安全事故报告和调查处理条例》（国务院令〔2007〕第 493 号）第三条规定：根据生产安全事故造成的人员伤亡或者直接经济损失，事故一般分为以下等级：（一）特别重大事故，是指造成 30 人以上死亡，或者 100 人以上重伤（包括急性工业中毒），或者 1 亿元以上直接经济损失的事故；（二）重大事故，是指造成 10 人以上 30 人以下死亡，或者 50 人以上 100 人以下重伤，或者 5000 万元以上 1 亿元以下直接经济损失的事故；（三）较大事故，是指造成 3 人以上 10 人以下死亡，或者 10 人以上 50 人以下重伤，或者 1000 万元以上 5000 万元以下直接经济损失的事故；（四）一般事故，是指造成 3 人以下死亡，或者 10 人以下重伤，或者 1000 万元以下直接经济损失的事故。

15. A B C

【解析与依据】根据《生产安全事故报告和调查处理条例》（国务院令〔2007〕第 493 号）第三条规定：根据生产安全事故造成的人员伤亡或者直接经济损失，事故一般分为以下等级：（一）特别重大事故，是指造成 30 人以上死亡，或者 100 人以上重伤（包括急性工业中毒），或者 1 亿元以上直接经济损失的事故；（二）重大事故，是指造成 10 人以上 30 人以下死亡，或者 50 人以上 100 人以下重伤，或者 5000 万元以上 1 亿元以下直接经济损失的事故；（三）较大事故，是指造成 3 人以上 10 人以下死亡，或者 10 人以上 50 人以下重伤，或者 1000 万元以上 5000 万元以下直接经济损失的事故；（四）一般事故，是指造成 3 人以下死亡，或者 10 人以下重伤，或者 1000 万元以下直接经济损失的事故。

16. A B C

【解析与依据】事故隐患按照其可能造成的事故性质和危害程度共分三类：一般性事故隐患、重大事故隐患、特别重大事故隐患。

17. A B C D

【解析与依据】目前进行事故调查处理应坚持实事求是、尊重科学、四不放过、公正公开和分级管辖的原则。

第三章 安全生产技术

一、单项选择题答案与解析

1. A

【解析与依据】《企业安全生产费用提取和使用管理办法》（财企〔2012〕16号）规定各单位应按规定标准平均逐月提取安全生产费用。

2. C

【解析与依据】《生产经营单位安全培训规定》（国家安全生产监督管理总局令〔2015〕第80号）第九条 生产经营单位主要负责人和安全生产管理人员初次安全培训时间不得少于32学时。每年再培训时间不得少于12学时。煤矿、非煤矿山、危险化学品、烟花爆竹、金属冶炼等生产经营单位主要负责人和安全生产管理人员初次安全培训时间不得少于48学时，每年再培训时间不得少于16学时。

3. C

【解析与依据】存放易燃易爆等特殊物品的专用库房，室内一般不设置照明灯具和开关。特殊情况需要时，照明灯具和开关应防爆，开关设置在库房外部，并经常检查是否完好。

4. A

【解析与依据】水基灭火器使用方法：将水基灭火器的保险栓拔出，下压把手，对准火源根部进行喷射。

5. B

【解析与依据】所有金属设备、装置外壳，金属管道、支架、构件、部件等，一般应采用静电直接接地；不便或工艺不允许直接接地的，可通过导静电材料或制品间接接地。静电直接接地电阻不大于100Ω，间接接地电阻不大于107Ω。

6. C

【解析与依据】《海洋石油安全管理细则》（国家安全生产监督管理总局令〔2009〕第25号）规定：按照设施不同区域的危险性，划分三个等级的危险区：（一）0类危险区，是指在正常操作条件下，连续出现达到引燃或者爆炸浓度的可燃性气体或者蒸气的区域。

7. A

【解析与依据】《海洋石油安全管理细则》（国家安全生产监督管理总局令〔2009〕第25号）第二十二条 设施配备的救生艇、救助艇、救生筏、救生圈、救生衣、保温救生服及属具等救生设备,应当符合《国际海上人命安全公约》的规定,并经海油安办认可的发证检验机构检验合格。海上石油设施配备救生设备的数量应当满足下列要求:配备的刚性全封闭机动耐火救生艇能够容纳自升式和固定式设施上的总人数,或者浮式设施上总人数的200%。无人驻守设施可以不配备刚性全封闭机动耐火救生艇。在设施建造、安装或者停产检修期间,通过风险分析,可以用救生筏代替救生艇;海上石油设施配备救生设备的数量,配备的刚性全封闭机动耐火救生艇能够容纳自升式和固定式设施上的总人数,或者浮式设施上总人数的200%。

8. C

【解析与依据】《火灾自动报警系统设计规范》(GB 50116—2013)火灾自动报警系统的基本形式有三种,即:区域报警系统、集中报警系统和控制中心报警系统。

9. B

【解析与依据】《中国石油天然气集团公司动火作业安全管理办法》(安全〔2014〕86号)第二十一条 动火作业实行动火作业许可管理,应当办理动火作业许可证,未办理动火作业许可证严禁动火。附录:炼油与化工系统动火作业等级划分:在生产厂区内,不属于一级动火和特级动火的其他临时动火。

10. A

【解析与依据】《中华人民共和国消防法》第五十一条 消防救援机构有权根据需要封闭火灾现场,负责调查火灾原因,统计火灾损失。

11. A

【解析与依据】《建筑灭火器配置设计规范》(GB 50140—2005)4.2.5 E类火灾场所应选择磷酸铵盐干粉灭火器、碳酸氢钠干粉灭火器、卤代烷灭火器或二氧化碳灭火器,但不得选用装有金属喇叭喷筒的二氧化碳灭火器。四氯化碳不导电,因此可用于10kV以下电气设备的灭火,但四氯化碳是有毒的,当吸入空气中含有较多的四氯化碳时会有生命危险,因此使用时要在上风侧或较高的地方,如果在室内空气不流通的地方使用四氯化碳灭火时应戴防毒面具或用湿毛巾把鼻孔和嘴堵上。带电火灾不能用喷射水流扑救,因为平时日用生活中的水含有杂质离子,具有弱导电性,若用喷射水流扑灭带电设备的火灾,将威胁人身安全。泡沫灭火器不可用于扑灭带电设备的火灾的,由于泡沫灭火器喷出的泡沫中含有大量水分,若用普通泡沫灭火器扑灭带电设备的火灾,将威胁人身安全。

12. A

【解析与依据】阀型避雷器是电力系统变配电装置防雷保护中常用的防雷保护装置,阀型避雷器由串联的火花间隙串联的阀片电阻和1个瓷套及上下端螺栓组成。火花间隙能在遇到过电压时被击穿放电,在正常运行的工频电压下起着将电源与阀型电阻相互隔断的作用。

13. B

【解析与依据】在电气设备绝缘保护中,符号"回"是双重绝缘的辅助标记。

14. C

【解析与依据】《临时用电安全管理规范》（Q/SY 1244—2009）5.1.1 临时用电应执行相关的电气安全管理、设计、安装、验收等标准规范，实行作业许可，办理临时用电许可证，临时用电作业涉及动火的，应同时办理动火作业许可证。超过 6 个月的临时用电，不能按照本规范进行管理，应按照相关工程设计规范配置线路。

15. C

【解析与依据】《中国石油天然气集团公司进入受限空间作业安全管理办法》（安全〔2014〕86 号）第三十一条　气体检测设备必须经有检测资质单位检测合格，每次使用前应检查，确认其处于正常状态。气体取样和检测应由培训合格的人员进行，取样应有代表性，取样点应包括受限空间的顶部、中部和底部。检测次序应是氧含量、易燃易爆气体浓度、有毒有害气体浓度。

二、判断题答案与解析

1. 错误

【解析与依据】闪点是燃料贮存、运输及使用中安全防护的重要指标，闪点高的燃料不易起火引起火灾；闪点低的燃料贮运时需注意安全。闪点被看作为防火安全指标，油料闪点的高低主要与其蒸发性有关；馏分愈轻，愈易蒸发，闪点就愈低。油料的闪点愈低，就愈容易被火苗点燃引起燃烧，火灾的危险性就愈大。闪点的高低，取决于可燃性液体的密度，液面的气压，或可燃性液体中是否混入轻质组分和轻质组分的含量多少。可燃液体的闪点随其浓度的变化而变化。闪点的高低与油的分子组成及油面上压力有关，压力高，闪点高。闪点是防止油发生火灾的一项重要指标。在敞口容器中，油的加热温度应低于闪点 10℃；在压力容器中加热则无此限制。从防火角度考虑，希望油的闪点、燃点高些，两者的差值大些。

2. 正确

【解析与依据】有爆炸危险的场所，一般作业人员不应参与现场的应急处理，应紧急撤离现场。《中华人民共和国安全生产法》第五十二条规定，从业人员发现直接危及人身安全的紧急情况时，有权停止作业或者在采取可能的应急措施后撤离作业场所。

3. 正确

【解析与依据】《海洋石油安全生产规定》（国家安全生产监督管理总局令〔2006〕第 4 号）第二十五条　在海洋石油生产设施的设计、建造、安装以及生产的全过程中，实施发证检验制度。海洋石油生产设施的发证检验包括建造检验、生产过程中的定期检验和临时检验。

4. 正确

【解析与依据】起重机指挥人员安全操作要求内容：（1）起重机指挥人员必须是18周岁以上（含18周岁），视力（包括矫正视力）在0.8以上，无色盲症，听力能满足工作条件的要求，身体健康者。（2）起重机指挥人员必须经安全技术培训，劳动部门考核合格，并发给安全技术操作证后，方可从事指挥。（3）起重机指挥人员必须严格执行GB/T 5082—2019《起重机　手势信号》，与起重机司机联络时做到准确无误。（4）起重机指挥人员应熟知GB 6067《起重机械安全规程》和LD48—1993《起重机械吊具与索具安全规程》。（5）起重机指挥人员对所指定的起重机械，必须熟悉技术性能后方可指挥。（6）起重机指挥人员不能干涉起重机司机对手柄或旋钮的选择。（7）起重机指挥人员负责载荷的重量计算和索具吊具的正确选择。（8）起重机指挥人员负责对可能出现的事故采取必要的防范措施。（9）起重机指挥人员应佩戴鲜明的标志和特殊颜色的安全帽。（10）起重机指挥人员在发出吊钩或负载下降信号时，应有保护负载降落地点的人身、设备安全措施。（11）在开始指挥起吊负载时，用微动信号指挥；待负载离开地面100～200mm时，停止起升，进行试吊，确认安全可靠后，方可用正常起升信号指挥重物上升。（12）指挥起重机在雨、雪天气作业时，应先经过试吊，检验制动器灵敏可靠后，方可进行正常的起吊作业。（13）在高处指挥时，指挥人员应严格遵守高处作业安全要求。（14）起重机指挥人员选择指挥位置时：① 应保证与起重机司机之间视线清楚。② 在所指定的区域内，应能清楚地看到负载。③ 指挥人员应与被吊运物体保持安全距离。④ 当指挥人员不能同时看见起重机司机和负载时，应站到能看见起重机司机的一侧，并增设中间指挥人员传递信号。

5. 错误

【解析与依据】《起重机械安全规程　第1部分：总则》（GB/T 6067.1—2010）中17.2.2起重机械不得起吊超过额定载荷的物品。

6. 错误

【解析与依据】系统只能采用一种保护形式。TN-S系统采用的是保护接零，如设备再保护接地，当人员发生单相触电时，因保护接地分流短路电流，使保护接零回路达不到短路保护电流值，造成保护装置不能切断电源。

7. 正确

【解析与依据】触电事故种类按照触电事故的构成方式，触电事故可分为电击和电伤。电击是电流对人体内部组织的伤害，是最危险的一种伤害，绝大多数（大约85%以上）的触电死亡事故都是由电击造成的。电击的主要特征有：伤害人体内部；在人体的外表没有显著的痕迹；致命电流较小。

8. 错误

【解析与依据】在受限空间作业之前，应根据受限空间所盛装的介质特性，对受限空间进行清洗和置换，并必须达到国家标准中的相关要求。一般氧含量要在18%～21%，富氧环境下不得大于23.5%。置换排除的废气应排至室外,并有防止附近人员中毒的可靠措施。如果置换介质是易燃易爆气体,置换应以惰性气体置换,再以空气置换惰性气体,直至氧含量为18%～21%,可燃气体浓度:当被测气体或蒸汽的爆炸下限大于或等于4%时,其被测浓度不大于0.5%(体积分数);当被测气体或蒸汽的爆炸下限小于4%时,其被测浓度不大于0.2%(体积分数),置换出的气体同样要排至室外,并防止周围有火花、明火等导致火灾爆炸的不安全因素存在。

9. 正确

【解析与依据】《中国石油天然气集团公司进入受限空间作业安全管理办法》(安全〔2014〕86号)第四十七条规定,如发生紧急情况,需进入受限空间进行救援时,应当明确监护人员与救援人员的联络方法。救援人员应当佩戴相应的防护装备,必要时,携带气体防护装备。

10. 错误

【解析与依据】《化学品生产单位受限空间作业安全规范》(AQ 3028—2008)4.3 清洗或置换受限空间作业前,应根据受限空间盛装(过)的物料的特性,对受限空间进行清洗或置换,并达到下列要求:4.3.1 氧含量一般为18%～21%,在富氧环境下不得大于23.5%。

11. 正确

【解析与依据】特种劳保用品是指在劳动作业生产过程中对人体起到特殊保护作用的安全防护用品。特种劳动防护用品具体包含以下内容:一、头部护具类;二、呼吸护具类;三、眼(面)护具类;四、防护服类;五、防护鞋类;六、防坠落护具类,防坠落护具用于保护高空作业人员,防止坠落事故的发生。

12. 正确

【解析与依据】《高处作业安全管理规定》(油炼化〔2011〕11号)第二十九条规定:高处作业分为一般高处作业和特殊高处作业两类。符合以下情况为特殊高处作业:在作业基准面30m及以上进行的高处作业;雨、雪等恶劣天气进行的高处作业;夜间进行的高处作业;接近或接触带电体进行的高处作业;在受限空间内进行的高处作业;突发灾害时进行的高处作业;在排放有毒、有害气体和粉尘超出允许浓度场所进行的高处作业;异常温度设备设施附近的高处作业。

13. 正确

【解析与依据】《海洋石油安全管理细则》(国家安全生产监督管理总局令〔2009〕第25号)第五十二条 钻井作业应当符合下列规定:防喷器所用的橡胶密封件应当按厂商的技术要求进行维护和储存,不得将失效和技术条件不符的密封件安装到防喷器中。

14. 错误

【解析与依据】安全评价,亦称"危险评价""风险评价",是探明系统危险、寻求安全对策的一种方法和技术,安全系统工程的一个重要组成部分。旨在建立必要的安全措施前，掌握系统内可能的危险种类、危险程度和危险后果，并对其进行定量、定性的分析，从而提出有效的危险控制措施。安全评价的目的是查找、分析和预测工程、系统、生产经营活动中存在的危险、有害因素及可能导致的危险、危害后果和程度，提出合理可行的安全对策措施，指导危险源监控和事故预防，以达到最低事故率、最少损失和最优的安全投资效益。

15. 正确

【解析与依据】《安全帽》（GB 2811—2007）3.7 帽箍。绕头围起固定作用的带圈。包括调节带圈大小的结构。3.11 下颏带系在下巴上，起辅助固定作用的带子。由系带、锁紧卡组成。4.1.1 帽箍可根据安全帽标识中明示的适用头围尺寸进行调整。

三、多项选择题答案与解析

1. A B C D

【解析与依据】四不放过是指事故原因未查清不放过、责任人员未处理不放过、整改措施未落实不放过、有关人员未受到教育不放过。事故处理的"四不放过"原则是要求对安全生产工伤事故必须进行严肃认真的调查处理，接受教训，防止同类事故重复发生。

2. A B C D

【解析与依据】热源隔离按从完全隔离（高级）到有限隔离（低级）顺序分为四种：拆卸隔离法、截断加盲板法、双截断加放泄隔离法、单截断法。

3. A B C

【解析与依据】胸外心脏按压的操作要领：（1）病人体位：平卧，背部垫木板或平卧于地板上；（2）按压位置：胸骨下1/2处；（3）按压手法：一手掌根部置于按压点，另一手掌根部覆于前者之上，手指翘起，两臂伸直；（4）按压要求：胸骨下陷4～5cm；（5）按压频率：100次/min；（6）按压与放松的时间比为1：1；（7）按压与人工呼吸的配合：① 现场急救人员无论成人或儿童均为30：2；② 专业人员急救时儿童为15：2；③ 如已气管插管，人工呼吸8～10次/min。按压不可中断。

4. A B C

【解析与依据】现场止血法有三种：（1）加压包扎法；（2）指压止血法；（3）止血带止血法。

5. A C

【解析与依据】不完全燃烧，旧称"未安全燃烧"，是指燃料的燃烧产物中还含有某些可燃物质的燃烧。按发生原因的不同，有化学不完全燃烧和机械不完全燃烧两种。导致不完全燃烧的原因很多，主要有燃料与空气配合不当（即过量空气系数太小或太大）、燃料品种与燃料设备不相适应、燃烧块煤时燃料在炉箅上分布不匀、燃烧煤粉时燃料在炉箅上分布不匀或煤粉与空气（二次风）混合不好、液体燃料常因雾化质量欠佳而使燃烧温度过低或过高、燃料在燃烧设备内停留的时间过于短暂等。

6. A B C D

【解析与依据】 公共娱乐场所的火灾危险性：（1）人员集中，疏散困难，易造成人员的重大伤亡。（2）室内装修、装饰大量使用可燃、易燃材料。（3）用电设备多，着火源多，不易控制。（4）发生火灾蔓延快，扑救困难。

7. A C D

【解析与依据】 漂白粉本身具有一定危害性，如遇高温、水、酸或油脂都会引起燃烧爆炸，并且遇金属粉末会增加其危险性。此外，漂白粉还是助燃剂，会助长周围可燃物的燃烧，引起火灾。不仅如此，漂白粉在遇水燃烧时会散发出具有窒息性臭味的氯气，通过上呼吸道和皮肤黏膜对人体造成毒害。

8. A B D

【解析与依据】 救生衣性能要求：（1）救生衣能在被火完全包围 2s 内，不致燃烧或继续熔化；（2）浸入淡水中 24h 后，救生衣具有的浮力降低不超过 5%；（3）在 5s 内能使失去知觉人员从水中任何姿势转为嘴部高出水面不低于 120mm，身体向后倾斜与垂直方向形成角度不小于 20°；（4）能使至少 75% 的完全不熟悉救生衣的人，在无人帮助、指导或事先示范的情况下在 1min 内能正确地穿好救生衣；（5）使穿着者从至少 4.5m 高度处跳入水中不致受伤，而且救生衣不移位也不损坏；（6）每件成人救生衣能使穿着的人员作短距离的游泳，并登上救生艇筏；（7）所有儿童救生衣应标明"儿童"（Child）字样；（8）每件救生衣备有用细绳系牢的哨笛一只。

客船救生衣数量配置标准：船员每人配备一件；另外驾驶台和机舱值班人员每人增设一件，客船还应附加配备船上总人数 5% 的救生衣，每艘客船尚应按乘客总人数 10% 增配儿童救生衣，存放于甲板明显易见处。

9. A B C D

【解析与依据】 当发生海难事故时，船上人员弃船求生所面临的困难主要有溺水、暴露（暴露在寒冷气候会冻伤身体组织，暴露在酷热气候下，会使求生待救人员中暑或衰竭）、晕浪、饮水与食物的缺乏、遇险位置不明以及求生意志的下降等。

10. A C

【解析与依据】 救生艇额定乘员每个人 3L 的淡水，其中每个人 1L 的淡水可用一台 2 天内能生产等量淡水的海水淡化装置来代替。救生筏额定乘员每个人 1.5L 淡水，其中每个人 0.5L 的淡水可用一台 2 天内能生产等量淡水的海水淡化装置来代替。

11. B C D

【解析与依据】 人工呼吸的步骤：（1）时间允许的情况下，应迅速将病员转移到空气流通状况好的地方，解开衣领扣子、领带、腰带，若是女性，则要解开内衣扣子，以免外在因素对病员的胸部、腹部造成束缚感，影响通气。（2）无论病员最初处于何种姿势，施行人工呼吸的唯一正确体位只能是平躺仰卧，并且身体应在地面或者是牢固可靠的平板上，便于施救者进行急救。（3）施救者跪在病员身体的一侧，一手放在病员的额头上向下按,另一手托起病员的下巴往上抬,迫使病员张口,迅速检查他的口腔、鼻腔内是否有呕吐物、分泌物或异物堵塞,尽可能地将其清除。如果有活动假牙已经脱落,记得一定要取出。(4)保持病员头部后仰的姿势,令下颌部与耳垂的连线同地面基本呈90°,即气道已充分打开。深深吸一大口气,一手捏紧病员的鼻子,尽可能用嘴完全地包住病员的嘴巴,将气体吹入病员的体内。同时眼睛要注视病员的胸廓是否有明显的扩张,若有,表明吹气量足够多。随即放开捏住病员鼻子的手,让他自主完成一次呼气过程。(5)每次吹气时不应太快,一般持续2s左右。在进行下一次人工呼吸之前,应先确保上一次吹入的气体已彻底呼出。(6)最开始施行人工呼吸时,可连续进行三、四次,之后以每5s操作一次的频率进行。(7)假如病员始终是嘴唇紧闭无法张开,那么可以改用口对鼻人工呼吸,操作方法同上,只是吹气的对象换成是病员的鼻子。(8)生命是可贵的,因此只要是有一线生还的希望,急救就不能停止。因此人工呼吸的操作时间会比较长,只要有可能出现生命体征,就要持续下去,哪怕是两三个小时,甚至更长的时间,而不能轻易放弃,直至等到专业急救人员的到来。

12. A B

【解析与依据】包扎是外伤现场应急处理的重要措施之一。及时正确的包扎,可以达到压迫止血、减少感染、保护伤口、减少疼痛,以及固定敷料和夹板等目的;相反,错误的包扎可导致出血增加、加重感染、造成新的伤害、遗留后遗症等不良后果。绷带包扎法注意事项:包扎时,展开绷带的外侧头,背对患部,一边展开,一边缠绕。无论何种包扎形式,均应环形起,环形止,松紧适当,平整无褶。最后将绷带末端剪成两半,打方结固定。结应打在患部的对侧,不应压在患部之上。有的绷带无需打结固定,包扎后可自行固定。绷带包扎时应注意包扎的起点、止点和着力点以及包扎时绷带的走行方向。起点:包扎均由远心端开始,先环形包扎两周,将其始端固定。再向近心端包扎。指(趾)端尽可能外露,以便观察肢体末梢血液循环情况。移行与着力点:每包扎一周应压住前周的1/3~1/2,用力均匀,松紧适度,使绷带平整均匀,反折部分不可压在伤口或骨隆突处。包到出血伤口处,宜稍加压力,起止血作用;若是脓腔引流伤口则不要太用力,以免妨碍引流。止点:包扎完毕时再环绕两周以胶布固定,或撕开带端打结,亦可用安全别针固定。打结应打在肢体外侧,不可打在伤口、骨隆起及坐卧受压处。

13. A B C D

【解析与依据】灭火的基本方法包括:(1)窒息灭火法——使燃烧物质断绝氧气的助燃而熄灭。(2)冷却灭火法——使可燃烧物质的温度降低到燃点以下而终止燃烧。(3)隔离灭火法——将燃烧物体附近的可燃烧物质隔离或疏散开,使燃烧停止。(4)抑制灭火法——使灭火剂参与到燃烧反应过程中去,使燃烧中产生的游离基消失而使燃烧反应停止。

14. A B C D

【解析与依据】压力容器类别及压力等级、品种的划分:压力等级划分为(1)低压

(代号L），0.1MPa≤p＜1.6MPa，（2）中压（代号M），1.6MPa≤p＜10.0MPa，（3）高压（代号H），10.0MPa≤p＜100.0MPa，（4）超高压（代号U），p≥100.0MPa。

15. A B C D

【解析与依据】《中国石油天然气集团公司高处作业安全管理办法》（安全〔2015〕37号）第二十五条　严禁在六级以上大风和雷电、暴雨、大雾、异常高温或低温等环境条件下进行高处作业；在30℃～40℃高温环境下的高处作业应进行轮换作业。《高处作业安全管理规定》（炼油化〔2011〕11号）第十五条　基本要求（十一）严禁在六级及以上大风和雷电、暴雨、大雾等气象条件下以及40℃及以上高温、-20℃及以下寒冷环境下从事高空作业，在30℃～40℃的高温环境下的高空作业应实施轮换作业。

第四章 案例分析与经验交流

一、单项选择题答案与解析

1. C

【解析与依据】电器着火时应使用不导电的灭火器材,例如干粉灭火器、二氧化碳灭火器、四氯化碳灭火器、沙土等,不得使用水、泡沫灭火器等导电的器材。

2. C

【解析与依据】《中华人民共和国安全生产法》第五条 生产经营单位的主要负责人对本单位的安全生产工作全面负责。徐某作为直接领导、指挥生产经营单位日常生产经营活动的决策人,应对该公司的安全生产工作全面负责。

3. A

【解析与依据】《中华人民共和国安全生产法》第十三条 生产经营单位委托其他机构提供安全生产技术、管理服务的,保证安全生产的责任仍由本单位负责。

虽然某化工厂委托了安全生产服务机构为其提供安全生产管理服务,但是该化工厂安全生产的责任仍由该厂负责。

4. C

【解析与依据】《中华人民共和国安全生产法》第十八条 生产经营单位的主要负责人对本单位安全生产工作负以下职责:(1)建立、健全本单位安全生产责任制;(2)组织制定本单位安全生产规章制度和操作规程;(3)组织制订并实施本单位安全生产教育和培训计划;(4)保证本单位安全生产投入的有效实施;(5)督促、检查本单位的安全生产工作,及时消除生产安全事故隐患;(6)组织制定并实施本单位的生产安全事故应急救援预案;(7)及时、如实报告生产安全事故。其中不包括亲自为职工讲授安全生产培训课程。

5. C

【解析与依据】《中华人民共和国安全生产法》第二十一条 矿山、金属冶炼、建筑施工、道路运输单位和危险物品的生产、经营、储存单位,应当设置安全生产管理机构或者配备专职安全生产管理人员。石油管道企业作为危险物品的经营、存储单位应当设置安全生产管理机构或者配备专职安全生产管理人员。

6. C

【解析与依据】《中华人民共和国安全生产法》第三十九条 生产、经营、储存、使

用危险物品的车间、商店、仓库不得与员工宿舍在同一座建筑物内,并应当与员工宿舍保持安全距离。生产经营场所和员工宿舍应当设有符合紧急疏散要求、标志明显、保持畅通的出口。禁止锁闭、封堵生产经营场所或者员工宿舍的出口。因此严禁在夜间闭锁、封堵员工宿舍出口。

7. C

【解析与依据】《中华人民共和国安全生产法》第九十一条 生产经营单位的主要负责人未履行本法规定的安全生产管理职责,导致发生生产安全事故的,给予撤职处分;构成犯罪的,依照刑法有关规定追究刑事责任。生产经营单位的主要负责人依照前款规定受刑事处罚或者撤职处分的,自刑罚执行完毕或者受处分之日起,五年内不得担任任何生产经营单位的主要负责人;对重大、特别重大生产安全事故负有责任的,终身不得担任本行业生产经营单位的主要负责人。李某因未履行《中华人民共和国安全生产法》规定的安全生产管理职责,导致发生生产安全事故,因此5年内不得担任任何生产经营单位的主要负责人。

8. A

【解析与依据】《中华人民共和国安全生产法》第五十三条 因生产安全事故受到损害的从业人员,除依法享有工伤保险外,依照有关民事法律尚有获得赔偿的权利的,有权向本单位提出赔偿要求。因此樊某可以向本单位提出赔偿要求。

9. C

【解析与依据】《企业职工伤亡事故经济损失统计标准》(GB 6721—1986):直接经济损失的统计范围包括、医疗费用(含护理费用、丧葬及抚恤费用、补助及救济费用、歇工工资、处理事故的事务性费用、现场抢救费用、清理现场费用、事故罚款和赔偿费用、固定资产损失价值、流动资产损失价值。因此此次事故的直接经济损失为:45万+60万+28万+200万,共333万元。

10. C

【解析与依据】依据《企业职工伤亡事故分类》(GB 6441—1986),某企业吊装作业工程中,发生吊臂防滑板开焊,造成吊臂脱落事故,三人死亡,一人重伤,该事故类别为起重伤害。

11. B

【解析与依据】《化学品生产单位特殊作业安全规范》(GB 30871—2014)中规定动火分析与动火作业间隔一般不超过30min。

12. B

【解析与依据】《化学品生产单位特殊作业安全规范》(GB 30871—2014)中定义受限空间是指进出口受限,通风不良,包括封闭、半封闭的设备、设施及场所。根据该规范要求,进入受限空间作业必须办理受限空间作业许可证。C炼油厂污水井内为受限空间,因此要进入该场所清污必须办理受限空间作业许可证。

13. C

【解析与依据】硫化氢浓度达到 750mg/m³ 时,吸入者就会失去理智和平衡知觉,呼吸困难,2~15min 停止呼吸。该井底硫化氢浓度高达 850mg/m³,因此甲、乙死亡的直接原因是硫化氢中毒。

14. C

【解析与依据】热探头主要用于探测在空气中散发的热量的上升速度,它是采用温度速率及固定温度组合型探头。当周围环境温度达到一定数值或温升速度超过一定数值时,探头输出闭合触点信号至火灾盘。

15. A

【解析与依据】依据《企业职工伤亡事故分类》(GB 6441—1986),员工使用割管器切断管线,有液体泄漏到钻台上,液体(乙酸)通过棉手套滴到了他的手上使其左手发生化学灼伤,事故类别为灼烫。

二、判断题答案与解析

1. 正确

【解析与依据】《生产安全事故报告和调查处理条例》(国务院令〔2007〕第 493 号)规定:特别重大事故,是指造成 30 人以上死亡,或者 100 人以上重伤(包括急性工业中毒,下同),或者 1 亿元以上直接经济损失的事故。某化工厂发生爆炸起火事故,造成了死亡 35 人,超过了 30 人的标准,因此为特别重大事故。

2. 正确

【解析与依据】依据《企业职工伤亡事故分类》(GB 6441—1986),爆炸事故分为:火药、瓦斯、锅炉、容器和其他爆炸事故。因此铝粉尘爆炸事故属于其他爆炸事故。

3. 错误

【解析与依据】《企业职工伤亡事故经济损失统计标准》(GB 6721—1986):直接经济损失的统计范围包括:医疗费用(含护理费用)、丧葬及抚恤费用、补助及救济费用、歇工工资、处理事故的事务性费用、现场抢救费用、清理现场费用、事故罚款和赔偿费用、固定资产损失价值、流动资产损失价值。因此此次事故的直接经济损失为:640 万 +130 万 +280 万,共 1050 万元。

4. 错误

【解析与依据】根据《化学品生产单位特殊作业安全规范》(GB 30871—2014)规定,在化学品生产单位内进行动火作业需要开具动火作业许可证。本次事故未开具动火作业许可证属于责任事故。

5. 正确

【解析与依据】《安全生产许可证条例》第六条规定:要取得安全生产许可证必须依法进行安全现状评价。

6. 错误

【解析与依据】《中华人民共和国安全生产法》第十八条　生产经营单位的主要负责人对本单位安全生产工作负有下列职责：（1）建立、健全本单位安全生产责任制；（2）组织制定本单位安全生产规章制度和操作规程；（3）组织制订并实施本单位安全生产教育和培训计划；（4）保证本单位安全生产投入的有效实施；（5）督促、检查本单位的安全生产工作，及时消除生产安全事故隐患；（6）组织制定并实施本单位的生产安全事故应急救援预案；（7）及时、如实报告生产安全事故。因此建立、健全本企业的安全生产责任制应该由该企业主要负责人负责。

7. 正确

【解析与依据】《中华人民共和国安全生产法》第八十三条　事故调查处理应当按照科学严谨、依法依规、实事求是、注重实效的原则，及时、准确地查清事故原因，查明事故性质和责任，总结事故教训，提出整改措施，并对事故责任者提出处理意见。

8. 错误

【解析与依据】根据《化学品生产单位特殊作业安全规范》（GB 30871—2014），进行脚手架设作业属于高处作业，应该开具高处作业许可证。

9. 错误

【解析与依据】根据《企业职工伤亡事故分类》（GB 6441—1986），该事故的类别应为灼烫。

10. 正确

【解析与依据】依据《企业职工伤亡事故分类》（GB 6441—1986），邹某被弹出的阀杆击中后死亡，该事故类别为物体打击事故。

11. 错误

【解析与依据】《中华人民共和国安全生产法》第十三条：生产经营单位委托其他机构提供安全生产技术、管理服务的，保证安全生产的责任仍由本单位负责。虽然某化工厂委托了安全生产服务机构为其提供安全生产管理服务，但是该化工厂安全生产的责任仍由该厂负责。

12. 正确

【解析与依据】《中华人民共和国安全生产法》第二十六条：生产经营单位采用新工艺、新技术、新材料或者使用新设备，必须了解、掌握其安全技术特性，采取有效的安全防护措施，并对从业人员进行专门的安全生产教育和培训。

13. 正确

【解析与依据】浓度较高的乙酸具有腐蚀性，能导致皮肤烧伤，眼睛永久失明以及黏膜发炎，因此需要适当的防护。呼吸系统防护：空气中有毒气体浓度超标时，应佩戴防毒面具；眼睛防护：戴化学安全防护眼镜；手防护：戴橡皮手套。

14. 正确

【解析与依据】 当电流从左手到前胸时，心、肺、脊髓等器官都处于电路内，极易引起心颤和中枢神经失调而亡，因此电流途径人体最危险的路径是左手到前胸。

15. 正确

【解析与依据】 本案例作业工人进行高处作业未佩戴安全带，跌落至保温层夹缝中死亡，该作业人员死亡的直接原因是高处坠落。

三、多项选择题答案与解析

1. A B C

【解析与依据】《企业职工伤亡事故经济损失统计标准》（GB 6721—1986）：直接经济损失的统计范围包括人身伤亡后支出的费用、善后处理费用、财产损失价值。

2. A B C

【解析与依据】 作业许可证包括且不限于作业单位、作业区域、作业范围、作业内容、作业时间、作业危害及相应的控制措施、作业申请、作业批准、作业关闭等内容。

3. A B

【解析与依据】 作业许可证必须在作业前签发，签发后超过 2h 未开始作业，必须重新申请作业许可，作业许可证的一般不超过 12h，经过作业人员、审批人员同意后可以适当延长。

4. A B C D

【解析与依据】《中华人民共和国安全生产法》第五十条　生产经营单位的从业人员有权了解其作业场所和工作岗位存在的危险因素、防范措施及事故应急措施，有权对本单位的安全生产工作提出建议。第五十一条　从业人员有权对本单位安全生产工作中存在的问题提出批评、检举、控告；有权拒绝违章指挥和强令冒险作业。第五十二条　从业人员发现直接危及人身安全的紧急情况时，有权停止作业或者在采取可能的应急措施后撤离作业场所。第五十三条　因生产安全事故受到损害的从业人员，除依法享有工伤保险外，依照有关民事法律尚有获得赔偿的权利的，有权向本单位提出赔偿要求。

5. A B C D

【解析与依据】《中华人民共和国安全生产法》第五十四条　从业人员在作业过程中，应当严格遵守本单位的安全生产规章制度和操作规程，服从管理，正确佩戴和使用劳动防护用品。第五十五条　从业人员应当接受安全生产教育和培训，掌握本职工作所需的安全生产知识，提高安全生产技能，增强事故预防和应急处理能力。第五十六条　从业人员发现事故隐患或者其他不安全因素，应当立即向现场安全生产管理人员或者本单位负责人报告。

6. A B

【解析与依据】《中华人民共和国安全生产法》第十八条　生产经营单位的主要负责人对本单位安全生产工作负有组织制定并实施本单位的生产安全事故应急救援预案和及时、如实报告生产安全事故等职责。因此事故发生后应该立即上报有关部门，并按照应急预案组织人员抢救伤员，减少事故损失。

7. C D

【解析与依据】根据氧气瓶安全使用要求，氧气瓶、氧气表、氧气瓶口及其专用工具严禁与油类接触，氧气瓶附近也不得有油类存在，因为油类或油污一旦在大于3MPa的压力作用下，会产生自燃。因此氧气瓶的阀门和氧气带等处严禁黏附油漆、油脂等物品。

8. A B C

【解析与依据】防止危险化学品爆炸事故再次发生，可以采取风险评价、危险源辨识，以及安装安全监控系统等措施，准备充足的医疗救护设备不能防止危险化学品爆炸事故发生，只是在爆炸事故发生后，减少伤亡。

9. A D

【解析与依据】甲苯高度易燃，其蒸气与空气能形成爆炸性混合物，爆炸极限1.2%～7.0%（体积分数），遇明火、高热能引起燃烧爆炸。其蒸气比空气重，能在较低处扩散到相当远的地方，遇火源会着火回燃和爆炸。因此甲苯挥发爆炸的基本要素是浓度达到爆炸极限且有点火源。

10. A B C D

【解析与依据】根据《国家安全监督管理总局办公厅印发危险化学品目录（2015版）实施指南（试行）的通知》（安监总厅管三〔2015〕80号），高锰酸钾、硝酸铵、甲苯、甲酸乙酯都属于危险化学品。

11. B C D

【解析与依据】甲苯密度比水轻，甲苯着火后会浮在水面上随水流淌而扩大火灾，因此甲苯着火后不能用水进行灭火。可以使用泡沫、干粉、二氧化碳、沙土等灭火器材进行灭火。

12. A B C D

【解析与依据】该事故发生的直接原因是工具存在缺陷和作业人员未进行正确的作业前检查，间接原因是未进行作业前安全分析，未对风险进行识别，未办理作业许可证。

13. A B C

【解析与依据】人员进入C炼油厂污水井内清污作业可能存在物体打击、中毒窒息等安全事故，因此要佩戴好安全帽、空气呼吸器、防护手套等劳动保护用品。

14. A B C D

【解析与依据】根据《化学品生产单位特殊作业安全规范》（GB 30871—2014）规定，

进入受限空间作业前应根据受限空间盛装（过）的物料特性，对受限空间进行清洗或置换，并对受限空间进行气体检测，检测内容为氧气含量、可燃气体含量、有毒有害气体含量。因此进入 C 炼油厂污水井作业前需对可燃气体、硫化氢、氧气、一氧化碳进行检测。

15. B C

【解析与依据】 人员在堵塞的污水管道中作业存在淹溺、中毒窒息等事故风险。

第五章 应急管理

一、单项选择题答案与解析

1. A

【解析与依据】当发生各类事故时，依事故严重程度，分别启动车间二级事故应急预案和公司事故应急救援预案，展开应急处置。

2. B

【解析与依据】应急处置工作中组织协调各应急救援队伍迅速进行应急救援；制定并组织实施抢险救援方案，防止引发次生、衍生事件。

3. C

【解析与依据】事故发生后，公司领导和各部门负责人应按各级预案的规定，在第一时间内组织事故救援工作，发生重大事故时，应集结在事故应急救援指挥部，听从总指挥的安排和指令。

4. A

【解析与依据】《企业安全生产应急管理九条规定》（国家安全生产监督管理总局令〔2015〕第74号）第六条 必须向从业人员告知作业岗位、场所危险因素和险情处置要点，高风险区域和重大危险源必须设立明显标识，并确保逃生通道畅通。

5. C

【解析与依据】《企业安全生产应急管理九条规定》（国家安全生产监督管理总局令〔2015〕第74号）第五条 必须开展从业人员岗位应急知识教育和自救互救、避险逃生技能培训，并定期组织考核。

6. C

【解析与依据】《企业安全生产应急管理九条规定》（国家安全生产监督管理总局令〔2015〕第74号）第八条 企业必须在险情或事故发生后第一时间做好先期处置，及时采取隔离和疏散措施，并按规定立即如实向当地政府及有关部门报告。

7. C

【解析与依据】《中华人民共和国突发事件应对法》第26条规定，单位应当建立由本单位职工组成的专职或者兼职应急救援队伍。

8. A

【解析与依据】《中华人民共和国安全生产法》第40条明确了爆破、吊装等危险作业必须安排专人进行现场安全管理，确保操作规程的遵守和安全措施的落实。

9. B

【解析与依据】应急处置是一个复杂的系统工程，作为岗位从业人员，在事故发生后第一时间开展自救互救、避险逃生，对于减少事故造成的人员伤亡具有十分重要的作用。

10. A

【解析与依据】岗位从业人员是企业安全生产应急管理的第一道防线，是生产安全事故应急处置的首要响应者。

11. C

【解析与依据】要牢牢坚守"发展决不能以牺牲人的生命为代价"这条红线，牢固树立培训不到位是重大安全隐患的理念，全面落实应急培训主体责任。必须按照国家有关规定对所有岗位从业人员进行应急培训，确保其具备本岗位安全操作、自救互救以及应急处置所需的知识和技能，切实突出厂（矿）、车间（工段、区、队）、班组三级安全培训，不断提升岗位从业人员应急能力。

12. A

【解析与依据】企业要将应急知识培训作为岗位从业人员的必修课并进行考核，建立健全适应企业自身发展的应急培训与考核制度，确保应急培训和考核效果。将考核结果与员工绩效挂钩，实行企业与员工在应急培训考核上双向盖章、签字管理，严禁形式主义和弄虚作假，切实做到企业每发展一步，应急培训就跟进一课，考核就进行一次，始终保持应急培训和考核的规范化、制度化。

13. B

【解析与依据】企业事业单位应当定期进行应急演练，演练结束后，必须对环境应急预案演练进行评审。

14. B

【解析与依据】《突发环境事件应急预案管理暂行办法》（环发〔2010〕113号）第二十一条规定，企业事业单位，应当每年至少组织一次预案培训工作。

15. C

【解析与依据】应急救援是在应急响应过程中，为消除、减少事故危害，防止事故扩大或恶化，最大限度地降低事故造成的损失或危害而采取的救援措施或行动。

16. B

【解析与依据】部级应急预案演练，三年内必须对所有的专项预案进行演练；各基层单位应急演练每季度至少对一个预案进行一次演练，每年必须对所有的预案都进行演练。

17. A

【解析与依据】《集团公司高处作业安全管理办法》（安全〔2015〕37号）第二十五条规定，严禁在六级以上大风和雷电、暴雨、大雾、异常高温或低温等环境条件下进行高处作业；在30℃～40℃高温环境下的高处作业应进行轮换作业。

18. A

【解析与依据】一般性有毒、有腐蚀性的化学品的生产和使用区域内,包括装卸、储存和分析取样点附近、安全喷淋洗眼器按 20~30m 距离设置一站。

19. A

【解析与依据】应急预案编制的内容框架要依照《生产经营单位安全生产事故应急预案编制导则》(GB/T 29639—2013)中要求的预案构成要素进行编制。

20. B

【解析与依据】矿山救护队确保在 24h 内应急值守,并确保应急状态下,能够在 20min 内赶赴救援现场。

21. A

【解析与依据】现场处置方案是生产经营单位根据不同事故类别,针对具体的场所、装置或设施所制订的应急处置措施,主要包括事故风险分析、应急工作职责、应急处置和注意事项等内容。

22. C

【解析与依据】生产经营单位应根据风险评估、岗位操作规程以及危险性控制措施,组织本单位现场作业人员及安全管理等专业人员共同编制现场处置方案。

23. B

【解析与依据】生产经营单位应当根据有关法律、法规和《生产经营单位生产安全事故应急预案编制导则》(GB/T 29639—2013),结合本单位的危险源状况、危险性分析情况和可能发生的事故特点,制订相应的应急预案。

24. B

【解析与依据】《生产安全事故应急预案管理办法》(应急管理部令〔2019〕第 2 号)第二十四条 事故风险可能影响周边其他单位、人员的,生产经营单位应当将有关事故风险的性质、影响范围和应急防范措施告知周边的其他单位和人员。

25. C

【解析与依据】《生产安全事故应急预案管理办法》(应急管理部令〔2019〕第 2 号)第三十五条 矿山、金属冶炼、建筑施工企业和易燃易爆物品、危险化学品等危险物品的生产、经营、储存、运输企业、使用危险化学品达到国家规定数量的化工企业、烟花爆竹生产、批发经营企业和中型规模以上的其他生产经营单位,应当每三年进行一次应急预案评估。

26. C

【解析与依据】《安全生产管理知识》(中国安全生产协会注册安全工程师工作委员会、中国安全生产科学研究院主编,2011 出版)介绍评估组负责设计演练评估方案和编写演练评估报告,对演练准备、组织、实施及其安全事项等进行全过程、全方位评估,及时向演练领导小组、策划部和保障部提出意见、建议。更详细内容也可查《突发事件应急演练指南》(应急办函〔2009〕62号)。

27. B

【解析与依据】桌面演练是一种圆桌讨论或演习活动,其目的是为了提高协调配合及解决问题的能力。使各级应急部门、组织和个人明确、熟悉应急预案中所规定的职责和程序。

28. B

【解析与依据】应急准备是指为有效应对突发事件而采取的各种措施的总称,包括意识、组织机构、预案、队伍、资源、培训演练等各种项目。

29. B

【解析与依据】要立即用大量水冲洗,然后涂上低浓度酸溶液,以中和碱液。

30. C

【解析与依据】专项应急预案指国务院或者地方人民政府的有关部门、单位根据其职责分工为应对某类具有重大影响的突发公共事件而制订的应急预案。专项应急预案是针对具体的事故类别(如煤矿瓦斯爆炸、危险化学品泄漏等事故)、危险源和应急保障而制订的计划或方案,是综合应急预案的组成部分,应按照综合应急预案的程序和要求组织制定,并作为综合应急预案的附件。专项应急预案应制定明确的救援程序和具体的应急救援措施。

二、判断题答案与解析

1. 正确

【解析与依据】事故指挥官是应急过程中的安全问题、信息收集与发布以及各方的通信联络的主要负责人。

2. 正确

【解析与依据】事故发生后,公司各重要岗位的人员,应采取正确紧急措施,确保设备安全,避免其他事故发生或事故扩大。

3. 正确

【解析与依据】《中华人民共和国安全生产法》第76条 鼓励生产经营单位和其他社会力量建立应急救援队伍,配备相应的应急救援装备和物资,提高应急救援的专业化水平。

4. 错误

【解析与依据】对于从业人员来说,熟悉作业场所和工作岗位存在的危险因素、应采取的防范措施和事故应急措施是十分必要的。

5. 错误

【解析与依据】《中华人民共和国安全生产法》明确规定，从业人员发现直接危及人身安全的紧急情况，如果继续作业很有可能会发生重大事故时（如矿井内瓦斯浓度严重超标），有权停止作业；或者事故马上就要发生，不撤离作业场所就会造成重大伤亡时，可以在采取可能的应急措施后撤离作业场所。

6. 正确

【解析与依据】《国务院安委会关于进一步加强生产安全事故应急处置工作的通知》（安委〔2013〕8号）中：发生事故或险情后，企业要立即启动相关应急预案，在确保安全的前提下组织抢救遇险人员，控制危险源，封锁危险场所，杜绝盲目施救，防止事态扩大。

7. 错误

【解析与依据】熟练掌握个人防护装备和通信装备的使用，属于应急训练的基础培训与训练。

8. 错误

【解析与依据】在重大事故应急救援体系中，消防与抢险的重要职责是尽可能、尽快地控制并消除事故，营救受害人员。

9. 错误

【解析与依据】应急管理是一个动态过程，分为四个阶段，为有效应对突发事件需要事先采取相应措施的阶段，称为准备阶段。

10. 正确

【解析与依据】防止事故发生的安全技术措施是指为了防止事故发生，采取的约束、限制能量或危险物质，防止其意外释放的技术措施。常用的防止事故发生的安全技术措施有消除危险源、限制能量或危险物质、隔离等。防止意外释放的能量引起人的伤害或物的损坏，或减轻其对人的伤害或对物的破坏的技术措施称为减少事故损失的安全技术措施。该类技术措施是在事故发生后，迅速控制局面，防止事故扩大，避免引起二次事故的发生，从而减少事故造成的损失。常用的减少事故损失的安全技术措施有隔离、设置薄弱环节、个体防护、避难与救援等。

11. 错误

【解析与依据】发生触电事故以后，首先应该迅速让触电者脱离电源，如触电者心跳、呼吸均已停止，应立即采取心肺复苏术抢救，为医生抢救作好前期准备。

12. 正确

【解析与依据】对应急行动的统一指挥是有效开展应急救援的关键。

13. 错误

【解析与依据】应急管理是一个动态过程，分为四个阶段，为有效应对突发事件需要事先采取相应措施的阶段，称为准备阶段。

14. 正确

【解析与依据】及时启动警报系统，向公众发出警报，以保证公众能够及时做出自我防护响应。

15. 错误

【解析与依据】针对可能发生的事故，为迅速、有序地开展应急行动而预先进行的组织准备和应急保障。

16. 正确

【解析与依据】发生地震时，如在家里，千万不能滞留在床上或站在房间中央，更不能躲在窗户边，不要靠近不结实的墙体，不要破窗而逃。

17. 正确

【解析与依据】外伤的急救步骤是：止血、包扎、固定、送医院。

18. 正确

【解析与依据】应急响应是指事故发生后，有关组织或人员采取的应急行动。

19. 正确

【解析与依据】发现监测异常，对现场人员生命构成威胁时，要立即发出疏散撤离号令。

20. 正确

【解析与依据】紧急报警信号必须符合下列条件：能够立即通知到生产区域内应急组织成员；能够通知到生产区域的所有人员；能够在断电时正常报警。

21. 正确

【解析与依据】全体员工的职责：熟练掌握应急处理技能，参与应急管理活动；在紧急情况下，所有生产区域的员工必须承担应急处置的相应职责。

22. 错误

【解析与依据】事故应急救援系统的应急响应程序按过程可分为接警、响应级别确定、应急启动、救援行动、应急恢复和应急结束。

23. 正确

【解析与依据】一个完整的应急预案的文件体系可包括预案、程序、指导书、记录等，是一个四级文件体系。

24. 错误

【解析与依据】专项预案是针对具体的事故类别（比如煤矿瓦斯爆炸、危险化学品泄漏事故）危险源和应急保障而制订的计划和方案，是综合预案的组成部分，应按照综合预案程序和要求组织制定，并作为综合预案的附件，专项应急预案应制定明确的救援程序和具体的应急救援措施。

25. 正确

【解析与依据】综合应急预案编制的目的就是规范非煤矿山企业应急管理和应急响应程序，确保企业迅速有效地处理非煤矿山企业安全生产事故，将事故对人员、财产和环境造成的损失降至最小程度，最大限度地保障企业和职工的安全。

26. 正确

【解析与依据】综合应急预案包括：规定企业应急组织机构和职责、应急响应原则、应急管理程序等内容。

27. 正确

【解析与依据】《生产经营单位安全生产事故应急预案编制导则》（GB/T 29639—2013）中6.3应急救援指挥机构根据事故类型和应急工作需要，可以设置相应的应急工作小组，并明确各小组的工作任务及职责。

28. 错误

【解析与依据】应急预案的编制一般可以分为6个步骤：成立工作组、资料收集、危险源与风险分析、应急能力评估、应急预案编制、应急预案的评审与发布。

29. 正确

【解析与依据】应急预案体系包括综合应急预案、专项应急预案和现场处置方案。

30. 错误

【解析与依据】生产经营单位可根据本单位的实际情况，确定是否编制专项应急预案，风险因素单一的小微型生产经营单位可只编写现场处置方案。

31. 正确

【解析与依据】《生产安全事故应急预案管理办法》（应急管理部令〔2019〕第2号）第四条规定：县级以上地方各级人民政府应急管理部门负责本行政区域内应急预案的综合协调管理工作。县级以上地方各级人民政府其他负有安全生产监督管理职责的部门按照各自的职责负责有关行业、领域应急预案的管理工作。

32. 正确

【解析与依据】《生产安全事故应急预案管理办法》（应急管理部令〔2019〕第2号）第五条规定：生产经营单位主要负责人负责组织编制和实施本单位的应急预案，并对应急预案的真实性和实用性负责；各分管负责人应当按照职责分工落实应急预案规定的职责。

33. 错误

【解析与依据】《生产安全事故应急预案管理办法》（应急管理部令〔2019〕第2号）第六条规定：生产经营单位应急预案分为综合应急预案、专项应急预案和现场处置方案。

34. 错误

【解析与依据】接警与通知不属于事故应急预案要素中应急准备的要素。

35. 错误

【解析与依据】事故应急预案的要素中应急响应的要素包括：接警与通知、指挥与控制、公共关系，但不包括应急资源。

36. 错误

【解析与依据】生产经营单位应当向从业人员如实告知作业场所和工作岗位存在的危险因素、防范措施以及事故应急措施。

37. 错误

【解析与依据】建立应急演练策划小组（或领导小组）是成功组织开展应急演练工作的关键，为了确保演练的成功，参演人员不得参与策划小组，更不能参与演练方案的设计。

38. 错误

【解析与依据】进行应急能力评估不属于事故应急救援基本任务。

39. 正确

【解析与依据】制订应急救援预案的目的是使应急行动做到应急响应快速、应急措施具有针对性、事故损失最大限度减少。

三、多项选择题答案与解析

1. ABCD

【解析与依据】突发事件预警级别：一般依据突发事件可能造成的危害程度、波及范围、影响力大小、人员及财产损失等情况，由高到低划分为特别重大（Ⅰ级）、重大（Ⅱ级）、较大（Ⅲ级）、一般（Ⅳ级）四个级别，并依次采用红色、橙色、黄色、蓝色来加以表示。

2. AC

【解析与依据】依据《生产安全事故应急预案管理办法》（应急管理部令〔2019〕第2号）第三十五条　应急预案编制单位应当建立应急预案定期评估制度，对预案内容的针对性和实用性进行分析，并对应急预案是否需要修订作出结论。

3. ABCD

【解析与依据】依据《生产安全事故应急预案管理办法》（应急管理部令〔2019〕第2号）第十三条规定：综合应急预案应当规定应急组织机构及其职责、应急预案体系、事故风险描述、预警及信息报告、应急响应、保障措施、应急预案管理等内容。

4. ABCD

【解析与依据】依据《生产安全事故应急预案管理办法》（应急管理部令〔2019〕第2号）第三十一条规定：生产经营单位应当组织开展本单位的应急预案、应急知识、自救互救和避险逃生技能的培训活动，使有关人员了解应急预案内容，熟悉应急职责、应急处置程序和措施。

5. A B C D

【解析与依据】依据《生产安全事故应急预案管理办法》(应急管理部令〔2019〕第 2 号)第三十一条规定：应急培训的时间、地点、内容、师资、参加人员和考核结果等情况应当如实记入本单位的安全生产教育和培训档案。

6. A B

【解析与依据】参考《中华人民共和国安全生产法》。

7. A B D

【解析与依据】参考《中华人民共和国安全生产法》。

8. C D

【解析与依据】国务院国资委发布的《中央企业应急管理暂行办法》(国务院国资委令〔2013〕31 号)提出，中央企业应当按照专业救援和职工参与相结合、险时救援和平时防范相结合的原则，建设以专业队伍为骨干、兼职队伍为辅助、职工队伍为基础的企业应急救援队伍体系。

9. A B C D

【解析与依据】企业建立的专（兼）职应急救援队伍，在事故发生时，能够在第一时间迅速、有效地投入救援与处置工作，防止事故进一步扩大，最大限度地减少人员伤亡和财产损失。

10. A B C D

【解析与依据】应急预案应形成体系，针对各级各类可能发生的事故和所有危险源制订专项应急预案和现场应急处置方案，并明确事前、事发、事中、事后的各个过程中相关部门和有关人员的职责。

11. A B C

【解析与依据】应急演练演习的类型：桌面演习、功能演习、全面演习。

12. A C

【解析与依据】大型施工作业时，各属地主管应组织现场各承包商队伍开展风险评估，制定风险削减措施、应急预案，并组织现场所有专业队伍进行应急演练。

13. A B C

【解析与依据】预警行动通过预警系统、隐患排查、风险评估、上级部门和政府主管部门预报等信息预测预报，对可能发生的灾害事件进行预警。

14. A B C D

【解析与依据】报告内容包括但不仅限于以下内容：事件类别；事件发生的单位、时间、地点和现场情况；事件简要经过、伤亡人数和财产损失情况的初步估计；信息来源，报告人的单位、姓名、职务和联系电话。

15. A B D

【解析与依据】应急管理单位在执行预案实施应急救援的过程中，发现并记录的本预案的不符合项、无效性项、其他不足之处，进行清理、登记，及时对预案进行修订，重新发布。

16. A B C D

【解析与依据】触电现场急救程序：切断总电源（如电源总开关在附近）；脱离伤员和电源（用绝缘物）；心肺复苏（心跳、呼吸停止者）；包扎电烧伤伤口；速送医院。

17. A C D

【解析与依据】《生产经营单位安全生产事故应急预案编制导则》（GB/T 29639—2013）中5.1生产经营单位的应急预案体系主要由综合应急预案、专项应急预案和现场处置方案构成。

18. A B C D

【解析与依据】编制程序需要：应急预案编制工作组、资料收集、危险源与风险分析、应急能力评估、应急预案编制和应急预案评审与发布。

19. A B C

【解析与依据】应急预案体系构成有：综合应急预案、专项应急预案、现场处置方案三部分。

20. A B C D

【解析与依据】综合应急预案中的预防和预警包括：危险源监控、预警行动、信息报告、通知。

21. A B C D

【解析与依据】应急保障措施分为：通信与信息保障、应急队伍保障、应急物资、装备保障、经费保障和其他保障。

22. A B C D

【解析与依据】专项应急预案主要包括：事故风险分析、应急指挥机构及职责、处置程序、措施等内容等内容。

23. A B C D

【解析与依据】依据《海洋石油安全管理细则》（国家安全生产监督管理总局令〔2009〕第25号）：作业者和承包者应当组织生产和作业设施的相关人员定期开展应急预案的演练，演练期限不超过下列时间间隔的要求：（一）消防演习：每倒班期一次。（二）弃平台演习：每倒班期一次。（三）井控演习：每倒班期一次。（四）人员落水救助演习：每季度一次。

第三部分

海上石油作业安全管理人员应掌握的知识

第一章 安全生产法律法规

一、单项选择题

1.《海洋石油安全管理细则》规定，按照设施不同区域的危险性，划分（　　）等级的危险区。
A. 2个　　　　　　　　B. 3个　　　　　　　　C.4个

2.《海洋石油安全管理细则》规定，设施的作业者或者承包者在进行动火、电工作业、受限空间作业等所开具的作业通知单，在作业完成后应至少保存（　　）年。
A. 3　　　　　　　　　B. 2　　　　　　　　　C. 1

3. 按照《海洋石油安全管理细则》规定要求，临时出海人员接受"海上石油作业安全救生"电化教学的培训，培训时间不少于（　　）课时。
A. 8　　　　　　　　　B. 16　　　　　　　　C.4

4.《海洋石油安全管理细则》第一百零二条规定，作业者和承包者应当组织生产和作业设施的相关人员定期开展应急预案的演练，演练期限不超过规定的时间间隔的要求，以下（　　）不符合本条规定要求。
A. 人员落水救助演习：每半年一次
B. 弃平台演习：每倒班期一次
C. 消防演习：每倒班期一次

5.《海洋石油安全管理细则》规定，国家应急管理部海油安监办总共设有（　　）个分部。
A. 2　　　　　　　　　B. 3　　　　　　　　　C.4

6.《海洋石油安全管理细则》规定，以下（　　）不属于设施应配备的救生设备。
A. 救生衣　　　　　　B. 救生艇　　　　　　C. 安全阀

7.《海洋石油安全管理细则》规定，海上石油平台应按总人数的（　　）配备救生衣。
A. 210%　　　　　　　B. 100%　　　　　　　C. 200%

8.《海洋石油安全管理细则》规定，以下（　　）不属于设施上的固定灭火设备和装置。
A. 泡沫灭火系统　　　B. 干粉灭火系统　　　C. 便携式干粉灭火器

9.《海洋石油安全管理细则》规定，海上石油平台上配备（　　）套消防员装备。

A. 2 　　　　　　　　B. 4　　　　　　　　C. 6

10. 以下哪一项不属于制定《海洋石油安全生产规定》的目的（　　）。

A. 加强海洋石油安全生产工作

B. 促进经济发展

C. 保障从业人员生命和财产安全

11.《海洋石油安全生产规定》规定，海洋石油生产设施试生产正常后，应当由（　　）负责组织对其进行安全竣工验收。

A. 国家应急管理部　　　B. 海油安监办　　　C. 作业者或者承包者

12.《海洋石油安全生产规定》开始施行的日期为（　　）。

A. 2006年5月1日　　　B. 2014年12月1日　　　C. 2009年5月1日

13.《海洋石油安全生产规定》规定，作业者应当加强对承包者的安全监督和管理，并在承包合同中约定各自的（　　）责任。

A. 技术管理责任　　　B. 安全生产管理责任　　　C. 设备管理责任

14.《海洋石油安全生产规定》规定，出海人员应该接受（　　）培训，经考核合格后方可出海作业。

A. 海上石油作业安全救生

B. 井控技术

C. 稳性与压载技术

15. 按照《海洋石油安全生产规定》规定，以下（　　）不属于作业者和承包者应当保存的安全生产相关资料。

A. 员工工资发放记录　　　B. 安全设备维修记录　　　C. 事故和险情记录

16. 按照《海洋石油安全生产规定》规定，海油安监办及其各分部对有根据认为不符合保障安全生产的国家标准或者行业标准的设施、设备、器材可以行使（　　）职权，并应当在15日内依法作出处理决定。

A. 没收　　　　　　　　B. 查封或者扣押　　　　　　　　C. 销毁

17.《安全生产知识和管理能力考核合格证》由（　　）颁发。

A. 海油安监办各分部　　　B. 考试中心　　　C. 学员所属企业人事部门

18. 国家应急管理部海油安监办中油分部大港海监处设在（　　）。

A. 大港油田公司　　　B. 渤海钻探公司　　　C. 中油海洋工程公司

19. 远程控制台储能器液体压力应保持在（　　）。

A. 10.5~21MPa　　　B. 18.5~21MPa　　　C. 21MPa

20. 进入滩海通井路的车辆轮胎应采用（　　）轮胎，且具有良好的防滑性能，以便于人员逃生。

A. 高压　　　　　　　　B. 低压　　　　　　　　C. 正常压力

21. 生产主管部门在大风到来之前（　　）h，提供准确的天气预报，提前 10d 提供海上冰情预报。

　　A. 6　　　　　　　　　B. 12　　　　　　　　　C. 24

22. 平台最下层甲板应处于设计环境条件时潮汐与波浪最不利组合情况下的最大波峰高程以上，并留有至少（　　）的间隙，以保证最下层甲板的安全。

　　A. 0.5m　　　　　　　B. 1m　　　　　　　　C. 1.5m

23. 放空管或放空火炬应布置在全年（　　）风向的上风侧。

　　A. 最小频率　　　　　B. 最大频率　　　　　C. 适中频率

24. 人工岛上管线采用架空敷设方式时，管架布置应结合设备维修、人行通道、逃生通道统一考虑。管架下面仅有人员通行需要时，管架净空高度不应小于（　　）。

　　A. 1.6m　　　　　　　B. 1.9m　　　　　　　C. 2.2m

25. 人工岛内应根据设备维修、逃生疏散等需要设置主通道，不同区域之间、区域内部应设置不小于（　　）宽的疏散逃生通道与主通道相连接。

　　A. 0.8m　　　　　　　B. 1m　　　　　　　　C. 1.2m

26. 人工岛岛面高程应取极端高水位加（　　）的安全超高值。

　　A. 0.5～1.0m　　　　　B. 1.0～2.0m　　　　　C. 1.5～2.0m

27. 人工岛防浪墙顶高程应设在极端高水位以上不小于（　　）倍波高值处。

　　A. 0.5　　　　　　　　B. 1.0　　　　　　　　C. 3.0

二、判断题

（在括号中回答"正确"或"错误"）

1.《海洋石油安全管理细则》规定，长期出海人员接受"海上石油作业安全救生"全部内容的培训，培训时间不少于 40 课时，每 5 年进行一次再培训。（　　）

2.《海洋石油安全管理细则》规定，当空气中含硫化氢浓度达到 150mg/m³（100ppm）时，组织所有人员撤离平台。（　　）

3.《海洋石油安全管理细则》规定，1 类危险区，是指在正常操作条件下，断续地或者周期性地出现达到引燃或者爆炸浓度的可燃性气体或者蒸气的区域。（　　）

4.《海洋石油安全管理细则》规定，设施的作业者或者承包者应当建立动火、电工作业、受限空间作业、高空作业和舷（岛）外作业等审批制度。（　　）

5. 没有直升机平台或者已明确不使用直升机倒班的海上设施人员，可以免除"直升机遇险水下逃生"内容的培训。（　　）

6. 没有配备救生艇筏的海上设施作业人员，可以免除"救生艇筏操纵"的培训。（　　）

7.《海洋石油安全管理细则》规定，所有的消防设备都存放在易于取用的位置，并定期检查，始终保持完好状态。检查应当有检查记录标签。（　　）

8.《海洋石油安全管理细则》规定，海洋石油作业者和承包者是海洋石油安全生产的责任主体，对其安全生产工作负责。（　　）

9.《海洋石油安全生产规定》规定，作业者和承包者应当遵守有关安全生产的法律、行政法规、部门规章、国家标准和行业标准，具备安全生产条件。（　　）

10.《海洋石油安全生产规定》规定，作业者和承包者的主要负责人对本单位的安全生产工作全面负责。（　　）

11.《海洋石油安全生产规定》规定，特种作业人员应当按照国家应急管理部有关规定经专门的安全技术培训后方可上岗作业。（　　）

12.《海洋石油安全生产规定》规定，监督检查人员在进行安全监督检查期间，作业者或者承包者应当免费提供必要的交通工具、防护用品等工作条件。（　　）

13.《海洋石油安全生产规定》规定，作业者应当建立应急救援组织，配备专职或者兼职救援人员，或者与专业救援组织签订救援协议，并在实施作业前编制应急预案。（　　）

14.《海洋石油安全生产规定》规定，事故和险情发生后，当事人、现场人员、作业者和承包者负责人、各分部和海油安监办根据有关规定逐级上报。（　　）

15. 考核合格的学员，其发证信息可在国家应急管理部网站进行查询。（　　）

16. 国家应急管理部海洋石油安全监督管理办公室中油分部考试中心设在渤海钻探职工教育培训中心。（　　）

17. 出海人员应穿戴符合标准的个人防护用品。（　　）

18. 出海人员应持有健康证明。（　　）

19. 出海人员应了解出海作业安全规定，遵守平台或船舶上的规章制度。（　　）

20. 出海人员应熟悉所在平台或船舶的应急集合地点、所负的应急职责及救生衣等存放处，并参加应急演习。（　　）

21. 企业应依法达到安全生产条件，取得安全生产许可证；建立、健全、落实安全生产责任制，建立、健全安全生产管理机构，设置专、兼职安全生产管理人员。（　　）

22. 外来人员登临海上平台或船舶，必须接受安全检查和安全教育，服从平台人员的引导。（　　）

23. 海洋石油设施应有救生、逃生措施。（　　）

24. 在可能发生火灾、爆炸或有毒有害气体泄漏有人值守的海洋石油设施上，应配备封闭式耐火救生艇。（　　）

25. 浮式生产储油装置救生艇的配置应是作业人数的两倍。（　　）

26. 除配备救生艇外，固定设施、浮式装置上还应配备作业人数100%的救生筏。（　　）

27. 从事钻井、完井、修井、测试作业的监督、经理、高级队长、领班，以及司钻、副司钻和井架工、安全监督等人员，应持有"井控操作合格证"，不用持有"石油司钻特种作业操作证"。（　　）

28. 有钻井井架或作业井架等可能影响航空安全的障碍物，应在障碍物的最高点处安装符合航空要求的障碍灯。（　　）

29. 气井、自喷井、自溢井应安装井下封隔器。（　　）

30. 在海床面以下 30m 以下，应安装井下安全阀。（　　）

31. 至少在滩海通井路入口处要设置"危险""过水路面""易滑""注意横风""限制速度"等组合式警告标志，"非生产车辆禁止通行"辅助标志或起落式挡车设施。（　　）

32. 滩海陆岸石油作业应根据作业环境特点配备相应的劳动防护用品。（　　）

33. 滩海陆岸石油设施生产单位对滩海通井路的车辆制定安全管理规定，并签发通行证，无通行证的车辆严禁驶入。（　　）

34. 大型土方运输、井队搬迁及多车辆进入滩海陆岸石油设施施工作业时，车队负责人或指派专人到现场组织、指挥车辆通行。（　　）

35. 在无错车道的滩海通井路段上行驶时，车辆驶入滩海通井路前应变换灯光或鸣号示意，确定对面没有来车后再通行。（　　）

36. 车辆在有错车道的滩海通井路上行驶时，距离错车道远的车辆应主动停靠，让距离错车道近的车辆先通行。（　　）

37. 在滩海陆岸石油设施上的作业人员应接受"海上救生""海上急救""平台消防"培训并取证；在滩海陆岸石油设施上配备救生艇筏的，还应持有"救生艇筏操纵证书"。（　　）

38. 所有的消防设备都应存放在易于取用的位置，并定期检查，始终保持完好状态。（　　）

39. 平台最下层甲板应处于设计环境条件时潮汐与波浪最不利组合情况下的最大波峰高程以上，并留有至少 1.5m 的间隙，以保证最下层甲板的安全。（　　）

40. 应根据平台所在海域的风、浪、流等环境条件、使用要求及安全要求，确定平台方位。（　　）

41. 应根据甲板尺度大小、生产作业和人员逃生的需要，设置两处或多处甲板通道和甲板间梯道。（　　）

42. 应根据甲板尺度大小、安全要求和人员逃生的需要，设置两处或多处甲板通道和甲板间梯道。（　　）

43. 油、气井应设置与油藏压力相适应的井口装置。（　　）

44. 从事人工岛的设计、建造、安装以及生产的全过程中，实施发证检验制度。（　　）

45. 改建、扩建的人工岛不用发证检验机构检验就可取得检验证书。（　　）

46. 人工岛的形状应根据风向、流向、流冰方向等因素综合考虑确定，并满足使用功能的要求。（　　）

47. 钻（修）井队应配备急救箱，至少装有两套工作救生衣、防水手电及配套电池、简单的医疗包扎用品和日常药品。（　　）

48. 油管和消防管系上的管系附件垫片应由不燃材料制成。（   ）

49. 人工岛应根据不同的使用需要进行地基处理，以满足稳定性和承载力要求。（   ）

50. 采用海水或类似介质作为消防水源时，消防泵和所有附件应采用抗海水腐蚀的材料。（   ）

51. 远程控制台至少采用两种以上驱动方式。（   ）

52. 作业者可根据浅层地质情况决定是否配置分流器。（   ）

53. 在起重司机座位附近，应安装红色应急停止开关，当该开关动作时，能使所有制动装置立即动作。应急停止开关应涂以红色，并应标明开关位置的标记和防误操作保护。（   ）

三、多项选择题

1. 《海洋石油安全管理细则》第二十五条规定，起重作业应当符合下列安全要求（   ）。
   A. 操作人员持有特种作业人员资格证书，熟悉起重设备的操作规程，并按规程操作
   B. 起重设备明确标识安全起重负荷，若为活动吊臂，标识吊臂在不同角度时的安全起重负荷
   C. 按规定对起重设备进行维护保养，保证刹车、限位、起重负荷指示、报警等装置齐全、准确、灵活、可靠
   D. 起重机及吊物附件按规定定期检验，并记录在起重设备检验簿上

2. 根据《海洋石油安全管理细则》规定，设施应当制定以下（   ）制度，建立健全电气设备的维修操作、电焊操作和手持电动工具操作等安全规程，并严格执行。
   A. 日常运行检查   B. 定期安全检查
   C. 安全技术检查   D. 电气设备检修前后的安全检查

3. 根据《海洋石油安全管理细则》规定，作业者或者承包者及直升机所属公司，应当通过协商制订（   ）管理制度。
   A. 飞行条件与应急飞行   B. 乘机安全
   C. 飞行事故报告   D. 载物安全和飞行故障

4. 《海洋石油安全生产规定》规定，海洋石油生产设施试生产前，应当完成以下（   ）工作。
   A. 生产设施经发证检验机构检验合格，取得最终检验证书或者临时检验证书
   B. 制订试生产的安全措施
   C. 于试生产前 45 日报海油安办有关分部备案
   D. 海油安办有关分部应对海洋石油生产设施的状况及安全措施的落实情况进行检查

5. 在中华人民共和国的内水、（   ）以及中华人民共和国管辖的其他海域内的海洋石油开采活动的安全生产，适用《海洋石油安全生产规定》。

A. 领海 B. 毗连区
C. 专属经济区 D. 大陆架

6.《海洋石油安全生产规定》规定，在海洋石油生产设施的（　　）阶段，实施发证检验制度。

A. 设计 B. 建造
C. 安装 D. 生产的全过程

7. 按照《海洋石油安全生产规定》规定，作业者和承包者编制应急预案应当包括（　　）等内容。

A. 作业者和承包者的基本情况 B. 通信联络
C. 应急组织机构 D. 应急响应

8. 按照《海洋石油安全生产规定》规定，作业者和承包者在编制应急预案时应充分考虑（　　）等因素。

A. 作业内容 B. 作业海区的环境条件
C. 作业设施的类型 D. 自救能力和可以获得的外部支援

9. 按照《海洋石油安全生产规定》规定，海油安监办及其有关分部和相关部门接到事故报告后，应当（　　）。

A. 立即前往事故现场 B. 组织事故抢救
C. 组织事故调查 D. 先对事故单位进行责难

10. 按照《海洋石油安全生产规定》规定，事故和险情包括以下（　　）情况。

A. 井喷失控 B. 火灾与爆炸
C. 平台遇险 D. 飞机事故

11. 按照《海洋石油安全生产规定》规定，海洋石油作业设施包括（　　）。

A. 钻井船 B. 物探船
C. 铺管船 D. 起重船

12. 按照《海洋石油安全生产规定》规定，海洋石油生产设施包括（　　）。

A. 单点系泊 B. 浮式生产储油装置
C. 海底管线 D. 人工岛

13. 国家应急管理部海洋石油安全监督管理办公室设立（　　）。

A. 海油分部 B. 石油分部
C. 石化分部 D. 中油分部

14. 海上石油作业安全救生培训包括（　　）培训内容。

A. 海上求生 B. 海上急救
C. 平台（船舶）消防 D. 救生艇筏操纵
E. 直升机遇难水下逃生

15. 企业申请变更安全生产许可证时，应当提交（　　）等文件和资料。

　　A. 变更申请书

　　B. 安全生产许可证正本和副本复印件

　　C. 变更后的工商营业执照、采矿许可证复印件

　　D. 变更说明材料

16. 中油分部考试中心设（　　）三个考试点。

　　A. 大港考试点　　　　　　　　　　　　B. 辽河考试点

　　C. 冀东考试点　　　　　　　　　　　　D. 湛江考试点

17. 按照《海洋石油安全生产规定》规定，承担海洋石油（　　）的中介机构应当具备国家规定的资质。

　　A. 生产设施发证检验　　　　　　　　　B. 专业设备检测检验

　　C. 安全评价　　　　　　　　　　　　　D. 安全咨询

18. 在用的滩海陆岸石油设施在（　　）条件下，应进行专项安全评价。

　　A. 当环境条件发生变化，生产设施低于设计标准时

　　B. 环境条件和作业场所发生改变时

　　C. 发生事故，结构物严重受损需要重建、改建和修复时

　　D. 发生重大安全隐患，提出要求时

19. 滩海陆岸石油设施设计选用的滩海环境条件的重现期应根据（　　）等因素进行技术经济评价后确定。

　　A. 油气田的规模　　　　　　　　　　　B. 设施的重要程度

　　C. 设备的尺寸与重量　　　　　　　　　D. 环境资料

20. 滩海陆岸石油设施上应至少配备（　　）等救生设备。

　　A. 4个救生圈（带 30m 救生浮索），其中 2 个带自亮浮灯，2 个带自发烟雾信号和自亮浮灯

　　B. 每人配备工作救生衣，在工作场所配备一定数量的工作救生衣或救生背心

　　C. 在寒冷海区，每位人员配备 1 件保温救生服

　　D. 配备供避难人员 5 天所需的救生食品、饮用水

21. 在滩海陆岸井台上，应设置暂避恶劣天气的应急避难房，应急避难房至少应符合（　　）等要求。

　　A. 能够容纳生产作业人员

　　B. 结构强度应比滩海陆岸井台高一个等级

　　C. 地面应高出挡浪墙 1.0m

　　D. 应采取基础稳定、结构可靠的固定式钢筋混凝土结构或用移动式钢结构

22. 滩海陆岸石油设施的主管单位至少应建立但不限于（   ）等安全管理制度。

A. 安全生产责任制，安全汇报制度

B. 事故管理制度，安全会议制度

C. 安全培训教育制度，安全检查制度

D. 天气预报信息管理制度，安全应急程序和演习制度，进入滩海陆岸石油设施的门禁管理制度

23. 滩海陆岸石油设施应建立安全管理记录，包括但不限于（   ）等内容。

A. 大风或其他灾害性天气、海况等气象记录

B. 所配备的救生设备、属具、安全器材及其检测工具的维修、检查、更换记录

C. 班组安全管理记录，安全生产隐患整改记录

D. 设施受损记录

E. 特种设备管理档案

24. 在滩海通井路入口处至少应设置（   ）等组合式警告标志，"非生产车辆禁止通行"辅助标志或起落式挡车设施。

A. "危险"
B. "过水路面"
C. "易滑"
D. "注意横风"
E. "限制速度"

25. 遇到（   ）情况禁止车辆驶入滩海通井路。

A. 冰雪路滑

B. 雨、雾、沙尘暴天气，能见度在 100m 以内

C. 风力≥6 级，高潮位距地面≤0.3m

D. 风力<6 级，高潮位距地面≤0.2m

E. 风力≥8 级

26. 在结冰水域作业应根据冰情，作业前应制订（   ）等防范措施。

A. 冰期对作业设施的危害

B. 冰期作业场所的限制条件

C. 冰期生产管理要求，各管理部门和现场作业者岗位职责

D. 冰期作业操作程序

E. 应急措施

27. 在结冰水域作业应根据冰情，作业前制订详细的防范措施，至少应包括以下（   ）内容。

A. 冰期对作业设施的危害

B. 冰期作业现场的限制条件

C. 冰期生产管理要求，各管理部门和现场作业者岗位职责

D. 冰期作业操作程序及应急措施

28. 用以确定设计环境条件的原始资料必须具有（　　）。
A. 可靠性 B. 连续性
C. 针对性 D. 代表性

29. 人工岛的选址应满足勘探开发需要，充分考虑（　　）等影响结构稳定性的因素及航道安全等因素。
A. 冲沟发育区 B. 冲淤严重区
C. 全新世活动性断裂带 D. 以上选项都不正确

30. 人工岛的形状应根据（　　）因素确定。
A. 风向 B. 流向
C. 流冰方向 D. 以上选项都错误

第二章 安全生产管理知识

一、单项选择题

1. 下面标识的准确意义是什么？（　　）

　　A. 必须使用跌落保护用具
　　B. 必须穿救生衣
　　C. 必须穿防护服

2. 下面标识的准确意义是什么？（　　）

　　A. 必须佩戴防毒面具
　　B. 必须佩戴呼吸器
　　C. 必须佩戴护目镜

3. 下面标识的准确意义是什么？（　　）

　　A. 当心中毒
　　B. 当心感染
　　C. 当心腐蚀

4. 下面标识的准确意义是什么？（　　）

　　A. 喷淋站
　　B. 洗眼站
　　C. 沐浴站

5. 下面标识的准确意义是什么？（　　）

　　A. 带灯和烟雾信号的救生圈
　　B. 带灯和救生索的救生圈
　　C. 带烟雾信号和救生索的救生圈

6. 下面标识的准确意义是什么？（　　）

A. 工作服
B. 救生衣
C. 保温救生衣

7. 可造成人员死亡、伤害、职业病、财产损失或其他损失的意外事件称为（　　）。

A. 事故　　　　　　　B. 事件　　　　　　　C. 事情

8. 一般事故，是指造成（　　）人以下死亡的事故。

A. 3　　　　　　　　B. 5　　　　　　　　C. 10

9. 事故隐患分为（　　）事故隐患、重大事故隐患和特别重大事故隐患三类。

A. 轻微　　　　　　　B. 一般　　　　　　　C. 特别重大

10. 目前进行事故调查处理应坚持实事求是、尊重科学、（　　）、公正公开和分级管辖的原则。

A. 三不放过　　　　　B. 四不放过　　　　　C. 五不放过

11. 《生产安全事故报告和调查处理条例》规定：造成人员伤亡或者直接损失事故一般分为（　　）等级。

A. 2　　　　　　　　B. 4　　　　　　　　C. 5

12. （　　）是人体摄入生产性毒物的最主要、最危险的途径。

A. 呼吸道　　　　　　B. 消化道　　　　　　C. 食道

13. （　　）是从根本上解决毒物危害的首选办法。

A. 密闭毒源

B. 采用无毒、低毒物质代替高毒、剧毒物质

C. 个体防护

14. 职业安全健康管理体系中计划与实施的内容有：运行控制、（　　）、初始评审。

A. 应急计划　　　　　B. 健康培训　　　　　C. 应急预案与响应

15. 劳动者离开用人单位时，（　　）索取本人职业健康监护档案原件。

A. 有权　　　　　　　B. 无权　　　　　　　C. 无法确定

16. 因生产安全事故受到损害的从业人员，除依法享有（　　）外，有权向本单位提出赔偿要求。

A. 医疗保险　　　　　B. 养老保险　　　　　C. 工伤保险

二、判断题

（在括号中回答"正确"或"错误"）

1. 生产经营单位评审和修订目标与管理方案的依据是法律、法规和其他要求。（　　）
2. 安全生产方针应向关注组织的安全行为或受其安全行为影响的个人或团体进行传递。（　　）
3. 生产经营单位应当具备安全生产条件所必需的资金投入，对由于安全生产所必需的资金投入不足导致的后果承担责任。（　　）
4. 专业性安全检查表、厂级安全检查表、车间用安全检查表均属于安全检查表常用类型。（　　）
5. 安全生产管理机构指的是生产经营单位中专门负责安全生产监督管理的内设机构，其工作人员都是专职或兼职安全生产管理人员。（　　）
6. 员工有权拒绝存在安全隐患的工作，即使经评估工作现场和条件满足安健环要求，员工仍可以拒绝返回工作。（　　）
7. 企业的相关方包括供应商、承包商、客户或消费者、股东或投资者等。（　　）
8. 我国工伤保险基金实行社会统筹，由生产经营单位和职工共同缴纳。（　　）
9. 事故发生后，组织调查处理按照"四不放过"的原则，严肃处理事故。（　　）
10. 企业已开展了作业风险评估，员工在进行电气操作时可直接操作，无需进行操作前的风险分析。（　　）
11. 安全生产是关系到生产经营单位全员、全方位、全过程的大事。（　　）
12. 某从业人员通过安全教育培训，掌握了岗位操作规程，但因未遵守操作规程而造成事故，则该行为人应负直接责任。（　　）
13. 根据《劳动防护用品监督管理规定》，按照劳动防护用品的防护性能，将劳动防护用品分为甲级劳动防护用品、乙级劳动防护用品两大类。（　　）
14. 股份制企业合资企业等安全生产投入资金由董事长予以保证。（　　）
15. 在工业生产中，要严格执行各种票证，没有作业许可票不得进行危险作业。（　　）
16. 用火管理中，企业规定一张火票仅限一处动火。（　　）
17. 采样分析合格的容器内作业，可不必安排监护人员，单独作业是允许的。（　　）
18. 在厂区内动土，必须提前一天申请办理动土票。（　　）
19. 营救触电人员时，救护人员可直接用手、干燥绝缘的工具作为救护工具。（　　）
20. 作业者和承包者应当建立守护船值班制度，在海洋石油生产设施和移动式钻井船（平台）周围应备有守护船值班。无人值守的生产设施和陆岸结构物除外。（　　）
21. 常用的安全评价方法包括：预先危险性分析法、危险指数评价法、故障树分析法和作业条件危险性评价法等。（　　）

22. 在国务院领导下国务院安全生产委员会负责全面统筹协调安全生产工作。（　　）

23. 《中华人民共和国安全生产法》在总结我国安全生产管理经验的基础上，将"安全第一、预防为主"规定为我国安全生产工作的基本方针。（　　）

24. 不得安排未经上岗前职业健康检查的劳动者从事接触性职业病危害因素的作业。（　　）

25. 高温作业环境对人体产生的作用涉及气温、气湿、气流和热辐射等多种因素。（　　）

26. 某企业在安全生产标准化建设过程中，重新修订了《安全生产责任制》，该制度应由企业分管安全负责人签发后实施。（　　）

27. 某氧化铝厂磨碎车间的一名电工调至焙烧车间工作，该电工调整工作岗位后的安全生产教育培训工作应由焙烧车间实施。（　　）

28. 用人单位强令劳动者违章冒险作业，发生重大伤亡事故，造成严重后果的，对责任人员依法追究刑事责任。（　　）

29. 事故发生后，单位负责人应于 2h 内向安全生产监督管理部门报告。（　　）

30. 对迟报或者漏报事故的生产经营单位负责人处以上一年年收入 40%～80% 的罚款。（　　）

31. 生产劳动防护用品的企业生产的特种劳动防护用品，必须取得特种劳动防护用品安全标志。（　　）

32. 特种作业人员的安全技术考核，应以实际操作技能考核为主。（　　）

33. 在生产经营单位的安全生产工作中，最基本的安全管理制度是安全生产目标管理制。（　　）

34. 班组长是安全生产法律法规和规章制度的直接执行者，岗位工人对本岗位的安全生产负直接责任。（　　）

35. 班组安全生产是搞好安全生产工作的关键。（　　）

36. 安全监督管理人员对本单位的安全生产负主要责任。（　　）

37. 风险的严重程度是不一样的，因此采取的措施也就各不相同，对风险进行分级，有助于安全措施的制订。（　　）

38. "三不伤害"是指：不伤害自己、不伤害他人、不被他人伤害。（　　）

39. 疏散和救援属于为防止事故发生而采用的安全技术措施。（　　）

40. 重大危险源，是指长期地或者临时地生产、搬运、使用或者储存危险物品，且危险物品的数量等于或者超过临界量的单元（包括场所和设施）。（　　）

41. 风险管理的主要内容包括危险源辨识、风险评价、危险预警与监测、事故预防、风险控制及持续改进。（　　）

42. 生产经营单位进行爆破、吊装等危险作业，无需安排专门人员进行现场安全管理。（　　）

43. 生产经营单位在破产或关闭前，可以不排除重大危险源。（　　）

44. 生产经营单位里发生的生产安全事故的原因是多方面的，但主要是"物的因素"。（   ）

45. 危险源与事故隐患是两个既有联系又有区别的概念。（   ）

46. 人的安全可靠性指标包括心理因素、生理因素、内部环境技术因素。（   ）

47. 在管理中必须把人的因素放在首位，体现以人为本的指导思想，这是人本原理。（   ）

48. 根据国家规定，安全色为红、黄、蓝、绿四种颜色。其中黄（警告）色引人注目，主要用于指令必须遵守的规定标志。（   ）

49. 从长远观点来看，低成本、低效率的预防措施是减少事故损失的关键。（   ）

50. 高处作业过程中，高处坠落和物体打击事故最多，是安全防护工作的重点。（   ）

51. 漏电保护装置主要用于防止中断供电。（   ）

52. 事故调查一般属于计划外应急性调查。（   ）

53. 用人单位违反《中华人民共和国职业病防治法》规定，造成重大职业病危害事故或者其他严重后果，构成犯罪的，对直接负责的主管人员和其他直接责任人员，依法追究刑事责任。（   ）

54. 发生电气设备火灾，如果附近没有灭火器，可以用水扑救。（   ）

55. "机械设备带病运转""使用安全装置失灵"，往往都是导致事故发生的管理因素。（   ）

56. 因抢救人员、防止事故扩大及疏通交通等原因，需要移动事故现场物件的，应当做出标志，但不需要绘制现场简图及做出书面记录。（   ）

57. 因事故导致产值减少、资源破坏和受事故影响而造成其他损失的价值称为间接经济损失。（   ）

58. 通用机械的急停装置可以用来代替安全防护措施和其他安全功能。（   ）

59. 大量事故统计表明，环境的不良、能量控制失效、工艺设备故障是引发事故发生的三大原因。（   ）

60. 生产安全事故调查报告报送负责事故调查的安全生产监督管理部门批准后，事故调查工作即告结束。（   ）

61. 有关机关应当按照对事故调查报告的批复，依照法律、行政法规规定的权限和程序，对事故发生单位进行行政处罚。（   ）

62. 防止特大事故的第一步是以重大危险源辨识标准为依据，确认或辨识重大危险源。（   ）

63. 从业人员发现直接危及人身安全的紧急情况时，有权停止作业或者在采取可能的应急措施后撤离作业场所。（   ）

64.《生产安全事故报告和调查处理条例》规定：特别重大事故是指造成30人以

上死亡，或者100人以上重伤（包括急性工业中毒），或者1亿元以下直接经济损失的事故。（   ）

65.《生产安全事故报告和调查处理条例》规定，事故发生单位主要负责人受到刑事处罚或者撤职处分的，自刑罚执行完毕或者受处分之日起3年内不得担任任何生产经营单位的主要负责人。（   ）

66. 工会依法参加事故调查处理，但无权向有关部门提出处理意见。（   ）

67. 事故发生单位的负责人和有关人员在事故调查期间不得擅离职守，并应当随时接受事故调查组的询问，如实提供有关情况。（   ）

68. 事故发生单位主要负责人迟报或者漏报事故的，处上一年年收入10%～50%的罚款。（   ）

69. 操作体位不良属于劳动过程有关的职业病危害因素。（   ）

70. 建设项目"三同时"管理属于一般安全监察基本内容。（   ）

71. 对接触有害作业的新工人，上岗前应开展就业前健康检查。（   ）

72. 职业健康风险评估的结果可应用于制订职业卫生监测计划。（   ）

73. 职业健康系统单元共包括职业健康管理、急救设施及药品控制管理2个要素。（   ）

74. 企业为确保员工的健康隐私不外泄，不应建立员工的健康档案。（   ）

75. 职业健康检查和监测记录属于安全生产风险管理体系运行数据与记录。（   ）

76. 按体系要求，以下职位应由最高管理者进行书面任命：安全区代表、内部审核员、事故/事件调查员、专职医生、职业卫生员、专职护士。（   ）

77. 劳动保护的对象首先是保护从事生产的劳动者。（   ）

78. 影响人的身体健康，导致疾病或对物造成慢性损害的因素，称为有害因素。（   ）

79. 职业危害度评价所需要的基础资料可归纳为三个方面，即：毒理学资料、流行病学资料、接触水平资料。（   ）

80. 医疗机构建设项目可能产生放射性职业病危害的，建设单位应当向卫生行政部门提交放射性职业病危害预评价报告。卫生行政部门应当自收到预评价报告之日起六十日内，作出审核决定并书面通知建设单位。（   ）

三、多项选择题

1. 三级安全教育，包括（   ）。
A. 厂（矿）安全教育   B. 车间（工段、区、队）安全教育
C. 班组安全教育   D. 个人安全教育

2. 生产经营单位应当向从业人员如实告知以下哪些内容（   ）。
A. 作业场所和工作岗位存在的危险因素   B. 危险防范措施
C. 事故应急措施   D. 人际关系

3. 事故调查"四不放过"的原则是指（　　）。

A. 事故原因未查清不放过

B. 事故责任人未处理不放过

C. 事故责任人和相关人员没有受到教育不放过

D. 未采取防范措施不放过

4. 安全生产的"五要素"是指（　　）。

A. 安全文化　　　　B. 安全法制　　　　C. 安全责任

D. 安全科技　　　　E. 安全投入

5. 造成人的不安全行为和物的不安全状态的原因可归结为4个方面，分别为（　　）。

A. 技术原因　　　　　　　　　　B. 教育原因

C. 身体和态度原因　　　　　　　D. 管理原因

6. 所谓的"3E"原则，分别指（　　）。

A. 工程技术对策　　　　　　　　B. 教育对策

C. 法制对策　　　　　　　　　　D. 以上答案都不对

7. 属于采取设置薄弱环节的工程技术对策中是（　　）。

A. 电路中的保险丝　　　　　　　B. 锅炉的熔栓

C. 安全阀　　　　　　　　　　　D. 旋转部位保护罩

8. 生产经营单位对重大危险源应当登记建档，进行定期（　　）。

A. 检测　　　　　　　　　　　　B. 评估

C. 监控　　　　　　　　　　　　D. 制订应急预案

9. 根据国家规定，安全色分为（　　）色。

A. 红　　　　　　　　　　　　　B. 黄

C. 蓝　　　　　　　　　　　　　D. 绿

10. "三不伤害"是指（　　）。

A. 不伤害自己　　　　　　　　　B. 不伤害他人

C. 不被他人伤害　　　　　　　　D. 不损坏设备

11. 危险源是指可能造成（　　）或其他损失的根源或状态。

A. 人员伤害　　　　　　　　　　B. 疾病

C. 财产损失　　　　　　　　　　D. 作业环境破坏

12. 按一次职业病危害事故所造成的危害严重程度，职业病危害事故中的特大事故是指（　　）。

A. 发生急性职业病50人以上　　　B. 死亡5人以上

C. 发生职业性炭疽5人以上　　　　D. 死亡1~3人

13. 根据生产安全事故造成的人员伤亡或者直接经济损失，重大事故是指造成（　　）的事故。

A. 10 人以上 30 人以下死亡　　　　　　B. 50 人以上 100 人以下重伤

C. 5000 万元以上 1 亿元以下直接经济损失　　D. 5 人以下死亡

14. 根据生产安全事故造成的人员伤亡或者直接经济损失，一般事故是指造成（　　）的事故。

A. 3 人以下死亡　　　　　　　　　　　B. 10 人以下重伤

C. 1000 万元以下直接经济损失　　　　　D. 10 人以下死亡

15. 事故隐患按照其可能造成的事故性质和危害程度共分三类，分别是（　　）。

A. 一般性事故隐患　　　　　　　　　　B. 重大事故隐患

C. 特别重大事故隐患　　　　　　　　　D. 非常重大事故隐患

16. 目前进行事故调查处理应坚持（　　）的原则

A. 实事求是　　　　　　　　　　　　　B. 尊重科学

C. 四不放过　　　　　　　　　　　　　D. 公正公开和分级管辖的原则

第三章 安全生产技术

一、单项选择题

1. 在高于（　　）m以上的作业平台上，任何作业场所的敞开边缘和扶梯等都要求安装有固定式防护栏杆。

   A. 8　　　　　　　　B. 6　　　　　　　　C. 2

2. 为了保障逃生无障碍，逃生路线上的门均应（　　）。

   A. 打开　　　　　　B. 向逃生方向打开　　C. 背离逃生方向打开

3. 钢瓶瓶嘴处应使用减压阀，气体管线应使用整根专用耐油橡胶管，一年更换一次。胶管与减压阀、炉灶连接使用专用管夹紧固，每周应用（　　）检查连接处是否漏气，检查管线是否老化。

   A. 柴油　　　　　　B. 清水　　　　　　　C. 肥皂水

4. 阻火器的灭火原理是当火焰通过狭小孔隙时，由于热损失突然（　　），以致燃烧无法继续下去而熄灭。

   A. 减小　　　　　　B. 增大　　　　　　　C. 不变

5. 以下不符合进入设备内作业安全要点的是（　　）。

   A. 办理"设备内安全作业证"，并要求严格履行审批手续

   B. 进行安全隔离

   C. 在进入设备前1h取样分析

6. 滩海陆岸应急避难房应当能够容纳（　　）生产作业人员。

   A. 200%　　　　　　B. 150%　　　　　　　C. 100%

7. 挖掘作业中挖出物或其他物料至少应距坑、沟槽边沿1m，堆积高度不得超过（　　）m，坡度不大于45°。

   A. 1　　　　　　　　B. 1.2　　　　　　　C. 1.5

8. 各级领导和管理人员应当按照"（　　）"的原则，建立安全环保责任制。

   A. 一岗双责　　　　B. 管工作管安全　　　C. 直线责任

9. 较大及以上生产安全事故以及需要升级管理的事故，由地区公司在事故发生后（　　）之内，向股份公司总裁办公室电话报告，1h内以事故快报书面报告，同时抄报质量安全环保部、企业文化部、专业公司。

   A. 30min　　　　　　B. 1h　　　　　　　　C. 24h

10. 煤矿、非煤矿山、危险化学品、烟花爆竹、金属冶炼等生产经营单位主要负责人和安全生产管理人员初次安全培训时间不得少于（　　）学时，每年再培训时间不得少于 16 学时。

　　A. 16　　　　　　　　B. 32　　　　　　　　C. 48

11. （　　）泛指生产系统中可导致事故发生的人的不安全行为、物的不安全状态和管理上的缺陷。

　　A. 事故　　　　　　　B. 事故隐患　　　　　C. 事件

12. 事故隐患泛指生产系统中（　　）的人的不安全行为、物的不安全状态和管理上的缺陷。

　　A. 设备设施　　　　　B. 可导致事故发生　　C. 防范措施

13. 要做到"安全第一"，就必须（　　）。

　　A. 将高危作业统统关掉

　　B. 安全系数越高越好

　　C. 施行"安全优先"的原则

14. 安全生产就是使生产过程在（　　）的物质条件和工作秩序下进行，以防止人身伤亡和设备事故及各种危险的发生。

　　A. 符合管理要求　　　B. 符合生产要求　　　C. 符合安全要求

15. 突发事件的四级预警由低到高划分为（　　）色、黄色、橙色、红色四个预警级别。

　　A. 黑　　　　　　　　B. 紫　　　　　　　　C. 蓝

16. 石油生产系统是高危险性生产系统，因为（　　）。

　　A. 生产物质具有多种危险

　　B. 自动化生产

　　C. 生产过程难以控制

17. （　　）应当参与事故预防工作和担当责任。

　　A. 用人单位　　　　　B. 员工本身　　　　　C. 用人单位和员工本身两方面

18. 存放油漆等室内库房的电线开关和灯均应是（　　）型的。

　　A. 防水　　　　　　　B. 隔水　　　　　　　C. 防爆

19. 火灾使人致命的最主要原因是（　　）。

　　A. 被人践踏　　　　　B. 窒息　　　　　　　C. 烧伤

20. 如果因电器引起火灾，在许可的情况下，必须首先（　　）。

　　A. 找寻适合的灭火器扑救

　　B. 将有开关的电源关掉

　　C. 大声呼叫

21. 泡沫灭火器不适用于扑灭（　　）的初期火灾。
A. A 类（木材、棉麻等固体物质）
B. B 类（石油、油脂等自然液体）
C. 电器、电缆火灾

22. 水灭火系统由来已久，新的高效率灭火系统是（　　）。
A. 雾状水系统　　　　B. 大液滴水雾系统　　　　C. 细水雾灭火系统

23. 在爆炸极限的影响因素中，下述不正确的说法是（　　）。
A. 可燃气体的性质（主要指 Q 和 E）
B. 可燃体系的初始温度和压力
C. 体系中空气含量

24. 使用水基灭火器时，应射向（　　）位置才能有效将火扑灭。
A. 火源底部　　　　B. 火源中间　　　　C. 火源顶部

25. 下述不属于限制火灾爆炸蔓延扩散的措施是（　　）。
A. 防爆泄压装置及隔离
B. 防火分区与隔离
C. 防止电器设备过热

26. 磷酸铵盐干粉灭火器不适用于（　　）火灾。
A. 易燃可燃液体　　　　B. 固体类物质　　　　C. 金属燃烧火灾

27. 当存在静电火花的危险时，所有金属设备、装置外壳，金属管道、支架、构件、部件等一般应采用（　　）。
A. 相互连接　　　　B. 静电直接接地　　　　C. 绝缘

28. 火灾报警控制器大体可以分为区域报警控制器和中央报警控制器两种。其中每个区域报警控制器则用于监控一个报警控制区域，这一监控区域不宜超过（　　）。
A. 一个防火分区　　　　B. 二个防火分区　　　　C. 三个防火分区

29. 按照海洋石油设施不同区域的危险性，划分三个等级的危险区，其中 0 类危险区是指在正常操作条件下，（　　）出现达到引燃或者爆炸浓度的可燃性气体或者蒸气的区域。
A. 断续　　　　B. 周期性　　　　C. 连续

30. 海上石油设施配备的刚性全封闭机动耐火救生艇能够容纳自升式和固定式设施上的总人数，或者浮式设施上总人数的（　　）。
A. 200%　　　　B. 150%　　　　C. 100%

31. 油气储罐带油（气）不置换动火，属于（　　）级动火。
A. 一　　　　B. 二　　　　C. 三

32. 火灾自动报警系统有三种形式：区域报警系统、（　　）、控制中心报警系统。

A. 井口报警系统　　　　B. 舱室报警系统　　　　C. 集中报警系统

33. 严禁在厂内施工用火和生活用火，确需动火时（　　）。

A. 不需办理动火证　　　B. 需办理动火证　　　　C. 需办理通行证

34. 发生火灾后，（　　）有权根据需要封闭火灾现场，负责调查火灾原因，统计火灾损失。

A. 消防救援机构　　　　B. 事故责任单位　　　　C. 事故责任人员

35. 危险化学品毒物通过（　　）进入人体内。

A. 接触　　　　　　　　B. 伤口　　　　　　　　C. 呼吸道、消化道、皮肤

36. 有机过氧化物根据其特性选择合适的方法处理。有机过氧化物的处理方法不包括（　　）。

A. 分解　　　　　　　　B. 烧毁　　　　　　　　C. 爆炸

37. 硫化氢是一种无色、具有（　　）的气体。

A. 腐臭蛋味　　　　　　B. 刺激性味道　　　　　C. 酸味

38. 我国的（　　）对危险化学品的经营做了专门规定。

A. 危险化学品安全管理条例

B. 安全生产法

C. 消防法

39. （　　）安全装置的机制是把暴露在危险中的人体从危险区域中分开。

A. 自动　　　　　　　　B. 隔离　　　　　　　　C. 控制

40. 从防止触电的角度来说，绝缘、屏护和间距是防止（　　）。

A. 间接接触电击　　　　B. 静电电击　　　　　　C. 直接接触电击的安全措施

41. 电气设备上的保护接零属于（　　）系统保护。

A. IT　　　　　　　　　B. TN　　　　　　　　　C. 三相三线制

42. 计算机房、自动化仪表控制室、独立仓库、电信电报机房、卫星地面站等应当设置（　　）。

A. 全自动水喷淋报警灭火系统

B. 局部联动自动报警灭火系统

C. 独立水喷淋报警灭火联动系统

43. 把电气设备正常情况下不带电的金属部分与电网的保护零线进行连接，称作（　　）。

A. 保护接地　　　　　　B. 保护接零　　　　　　C. 工作接地

44. 爆炸现象的最主要特征是（　　）。

A. 温度升高　　　　　　B. 压力急剧升高　　　　C. 周围介质振动

45. 我国纳入锅炉压力容器安全监察范围的最低压力是（　　）。
A. 0.1MPa　　　　　　B. 0.2MPa　　　　　　C. 0.4MPa

46. 蒸汽锅炉安全技术监察规程适用于（　　）的固定式蒸汽锅炉。
A. 以水为介质　　　　B. 以水或油为介质　　C. 以油为介质

47. 工作压力为 5MPa 的压力容器属于（　　）。
A. 高压容器　　　　　B. 中压容器　　　　　C. 中低压容器

48. （　　）时，驾驶起重设备的人员不能离开操作岗位。
A. 准备起吊　　　　　B. 物件悬空　　　　　C. 放下物件

49. （　　）的工频电流即可使人遭到致命的电击。
A. 数百安　　　　　　B. 数十安　　　　　　C. 数十毫安

50. 带电灭火不能直接用下述哪种灭火器（　　）。
A. 喷射水流、泡沫灭火器
B. 二氧化碳、干粉灭火器
C. 干粉和四氯化碳灭火器

51. 所有的电气设备和供电线路都必须有可靠的（　　）。
A. 人身保护　　　　　B. 电网保护　　　　　C. 过流保护

52. 采用（　　）是针对各种变配电装置，预防雷电侵入波的主要措施。
A.（阀型）避雷器　　　B. 避雷针　　　　　　C. 避雷带

53. 为了保证在故障条件下形成故障电流回路，从而提供自动切断条件，保护导体在使用中是（　　）的。
A. 允许中断　　　　　B. 不允许中断　　　　C. 自动切断

54. 在电气设备绝缘保护中，符号"回"是（　　）的辅助标记。
A. 基本绝缘　　　　　B. 双重绝缘　　　　　C. 功能绝缘

55. 静电消除器应装设在尽量靠近管道（　　）处。
A. 进口　　　　　　　B. 出口　　　　　　　C. 连接

56. 电工作业、焊接与热切割作业、高处作业、石油天然气安全作业都属于特种作业。以上说法（　　）。
A. 正确　　　　　　　B. 不正确　　　　　　C. 不完全正确

57. 超过（　　）的临时用电，不能按照临时用电规范进行管理，应按照相关工程设计规范配置线路。
A. 15 天　　　　　　　B. 1 个月　　　　　　C. 6 个月

58. 防雷装置实行定期检测制度，（　　）检测一次。对于易燃易爆场所每半年一次。对检测不合格的，下达整改通知书，限期整改。
A. 每年　　　　　　　B. 每半年　　　　　　C. 每季度

59. 受限空间内气体取样和检测应由（   ）进行。

　　A. 作业人员　　　　　　B. 领导指定人员　　　　C. 培训合格的人员

二、判断题

（在括号中回答"正确"或"错误"）

1. 闪点是表示易燃易爆液体燃爆危险性的一个重要指标，闪点越高，爆炸危险性越大。（   ）

2. 在有爆炸危险的场所，一般作业人员不应参与现场的应急处理，应紧急撤离现场。（   ）

3. 化学性眼烧伤，若现场无冲洗设备，可将头埋入清洁盆水中，掰开眼皮，让眼球来回转动进行洗涤。（   ）

4. 发生危险化学品事故后应该向上风方向疏散。（   ）

5. 红眼病伤害属于机械伤害的范围。（   ）

6. 在机械设备操作中，若配备了手用工具，则可以取代相关安全装置。（   ）

7. 海洋石油生产设施的发证检验包括建造检验和生产期检验（或生产过程中的定期检验和临时检验）。（   ）

8. 防喷器所用的橡胶密封件应当按厂商的技术要求进行维护和储存，不得将失效和技术条件不符的密封件安装到防喷器中。（   ）

9. 在进行机械安全风险评价时，对于那些可能导致最严重的损伤或对健康的危害，如果发生概率极低，就可以不必考虑。（   ）

10. 对封闭式工作位置（例如室和舱）的设计，应考虑与可见性、照明、气候条件、进入途径、姿势等相关的人类工效学原则。（   ）

11. 对于要求操作者连续控制的机器（如移动式机器、起重机），若操作人员的任何错误都可能引发危险状态，则应为该机器装备必要的装置使其运行保持在规定的限度内。（   ）

12. 不能利用惯性更换零件，上螺母。（   ）

13. 当指挥人员发出的信号违反《起重吊运指挥信号》的规定时，司机视情况执行。（   ）

14. 指挥人员负责对可能出现的事故采取必要的防范措施。（   ）

15. 起吊重物时，司索人员应与重物保持一定的安全距离。（   ）

16. 手势信号是起重指挥人员使用的最主要的指挥信号。（   ）

17. 指挥人员发出"预备"信号时，应要目视司机，司机接到信号在开始工作前，应回答"明白"信号。当指挥人员听到回答信号后，方可进行指挥。（   ）

18. 将不安全隐患消除在挂钩前，是挂钩坚持"五不挂"内容之一。（   ）
19. 指挥人员使用手势信号均以本人的手心，手指或手臂表示吊钩、臂杆和机械位移的运动方向。（   ）
20. 当多人绑挂同一负载时，起吊前，应先作好呼唤应答，确认绑挂无误后，方可由多人负责指挥。（   ）
21. 指挥人员不能同时看清司机和负载时，必须增设中间指挥人员。（   ）
22. 了解重物的形状、体积、结构的目的是为了确定其重心位置，与绑扎方法无关。（   ）
23. 指挥人员应佩戴明显的标志和特殊颜色的安全帽。（   ）
24. 起重机的取物装置本身的重量，一般不应包括在额定起重量之中。（   ）
25. 钢丝绳如出现长度不够时，可用钢丝绳头穿细钢丝绳的方法接长。（   ）
26. 起重机在吊运起重货物时，吊挂绳之间的夹角宜采用120°为好。（   ）
27. 夜间作业，当照明设备光线较暗时，司机应谨慎工作。（   ）
28. 起重机在起钩前，操作人员应检查钢丝绳是否打折或打扭。（   ）
29. 在起重机故障情况下，吊钩上的货物可用手动释放。（   ）
30. 吊钩、钢丝绳、制动器是起重机械安全作业的三大重要构件。（   ）
31. 如起重机的安全装置可靠，可以利用安全装置来关停起重机各运行机构。（   ）
32. 我们通常所说的380V或220V交流电压，是指交流电压的最大值。（   ）
33. 接地线拆除后，应即认为线路带电，不准任何人再登杆进行任何工作。（   ）
34. 为防止运行人员误合断路器和隔离开关，在已停电的断路器和隔离开关的把手上，就应挂"止步，高压危险！"。（   ）
35. 电器设备未经验电，一律视为有电，不可用手触及。（   ）
36. 电动机的工作电压过高或过低都会导致线圈过热而烧坏。（   ）
37. 外来检修施工单位应具有国家规定的相应资质，并在其等级许可范围内开展检修施工业务。（   ）
38. 在接零系统中，也允许个别设备采用保护接地。（   ）
39. 电流对人体的危害程度与通过人体的电流频率有关，工频电流对人体伤害最重。（   ）
40. 生产厂房内外的电缆，在进入控制室、电缆夹层、控制柜、开关柜等处的电缆孔洞，必须用防火材料严密封闭。（   ）
41. 电机、变压器用的E级绝缘材料其极限工作温度为120℃。（   ）
42. 在10kV及以下的电气设备上工作，工作人员工作中正常活动范围与带电设备的安全距离为0.35m。（   ）
43. 电击的主要特征是：伤害人体内部，在人体外表没有明显的痕迹，并且致命电流较小。（   ）

44. 严禁戴手套或用单手抡大锤，使用大锤时周围不准有人靠近。（   ）

45. 受限空间作业时，作业环境和条件发生变化后，任何人可以提出立即终止作业的要求。（   ）

46. 受限空间作业时可根据受限空间作业情况，安排作业人员定时轮换，无需在受限空间外部设监护人。（   ）

47. 下到受限空间救护时，应确保至少 2 人在受限空间外做联络监护，并应穿戴好自身防护器具，必要时系好安全绳。（   ）

48. 使用频繁的安全绳应经常做外观检查，发生异常时应及时更换新绳，并可根据情况加绳套。（   ）

49. 海上平台应配备应急逃生用的固定式金属梯。（   ）

50. 起重机联合作业时，应选择起重能力大的起重机。（   ）

51. 受限空间的有害环境中空气的氧含量可以低于 18% 或超过 25%。（   ）

52. 必须正确使用安全带，钩子应勾在上方牢固的物体上，无固定物体供挂钩时，应设临时装置。（   ）

53. 高处作业高度（H）30m 以上其可能坠落的范围半径为 8m。（   ）

54. 人字梯使用时，其夹角不能过大，以 75° 为宜，上部铰链要牢固，下部两单梯之间应有可靠的拉撑措施。（   ）

55. 一个梯子仅限一人攀爬或在其上作业时，严禁两人或多人同时攀爬和使用同一梯子。（   ）

56. 严禁在六级及以上大风和雷电、暴雨、大雾等气象条件下以及 40℃ 及以上高温、-20℃ 及以下寒冷环境下从事高处作业，在 30℃～40℃ 的高温环境下的高处作业应实施轮换作业。（   ）

57. 进入受限空间进行高处作业，在办理进入受限空间作业许可证后，可以不办理高处作业许可证。（   ）

58. 安全带应系在施工作业处的上方牢固构件上，不管有无尖锐棱角。（   ）

59. 高处作业时如果实在没有合适的安全带，可以用绳子捆在腰部代替安全带。（   ）

60. 高处作业分为一般高处作业和特殊高处作业两类。（   ）

61. 屋顶、地板、甲板或栅格板的外缘的作业，称为临边作业。（   ）

62. 夜间进行的高处作业为特殊高处作业。（   ）

63. 吊绳可由作业人员自己安装和使用。（   ）

三、多项选择题

1. 所谓"事故四不放过"原则是指：（   ）。
A. 整改措施没有落实不放过　　　　　　　　B. 有关人员未受到教育不放过
C. 事故责任者没有受到处理不放过　　　　　D. 事故原因没有查清楚不放过

2. 热源隔离的方法有（　　）。

A. 拆卸隔离法　　　　　　　　　　　　B. 双截断加放泄隔离法

C. 单截断阀隔离　　　　　　　　　　　D. 截断加盲板法

3. 胸外心脏按压的要点是（　　）。

A. 找准按压点　　　　　　　　　　　　B. 按压姿势正确无误

C. 按压力度不宜过大，胸廓下陷 4～5cm 为宜　　D. 按压要快，越快越好

4. 现场止血的方法有（　　）。

A. 加压包扎法　　　　　　　　　　　　B. 指压止血法

C. 扎止血带法　　　　　　　　　　　　D. 捆绑铁丝法

5. 可燃物质发生不完全燃烧的条件是（　　）。

A. 空气不足　　　　　　　　　　　　　B. 通风条件不好

C. 湿度高　　　　　　　　　　　　　　D. 着火源能量不足

6. 公共娱乐场所的火灾危险性有（　　）。

A. 室内装饰、装修使用大量可燃材料

B. 用电设备多，着火源多，不易控制

C. 人员集中，疏散困难，易造成人员重大伤亡

D. 发生火灾蔓延快，扑救困难

7. 救生衣应具备（　　）等几方面的要求。

A. 耐火性要求　　　　　　　　　　　　B. 浮力要求

C. 尺寸要求　　　　　　　　　　　　　D. 数量要求

8. 海上求生中遇到的主要困难（　　）。

A. 溺水　　　　　　　　　　　　　　　B. 缺水

C. 缺粮　　　　　　　　　　　　　　　D. 寒冷

9. 救生艇筏上淡水的储量是（　　）。

A. 救生艇上每人 3L

B. 救生艇上淡水能支持人员使用 6 天

C. 救生筏上每人 1.5L

D. 救生筏上淡水能支持人员使用 3 天

10. 给患者绷扎时，（　　）最好露在外面，必须观察肢体血液循环情况。

A. 指端　　　　　　　　　　　　　　　B. 趾端

C. 腹　　　　　　　　　　　　　　　　D. 颅脑

11. 灭火的基本方法有（　　）四种。

A. 窒息法　　　　　　　　　　　　　　B. 抑制法

C. 冷却法　　　　　　　　　　　　　　D. 隔离法

12. 我国压力容器按照设计工作压力可分为（　　）四个等级。
A. 低压
B. 中压
C. 高压
D. 超高压

13. 严禁在（　　）从事高处作业。
A. 六级及以上大风条件下
B. 雷电、暴雨、大雾等气象条件下
C. 40℃及以上高温环境下
D. -20℃及以下寒冷环境下

14. 对于现场泄漏物应及时进行（　　），使泄漏物得到安全可靠的处置，防止二次事故的发生。
A. 覆盖
B. 收容
C. 稀释
D. 处理

15. 常用危险化学品危险性主要体现在（　　）。
A. 爆炸性
B. 毒性
C. 腐蚀性
D. 放射性
E. 燃烧性

16. 装设（　　）都是直击雷防护的主要措施。
A. 避雷针
B. 避雷线
C. 避雷网
D. 避雷带

第四章 案例分析与经验交流

一、单项选择题

1. 2006年2月17日,某平台生活区105室卫生间烟雾探头被触发报警,平台总监和电气师赶到现场发现电热水器冒出浓烟并有明火,外罩落在两米远的地板上,热水器控制系统着火。两人确定热水器电源关闭后,迅速扑灭现场。电器着火时下列不能使用的灭火方法是( )。

   A. 用四氯化碳灭火器灭火

   B. 用沙土灭火

   C. 用泡沫灭火器灭火

2. 某公司董事长由上一级单位总经理张某兼任,张某长期在外地,不负责该公司日常工作。该公司总经理安某在国外脱产学习,期间日常工作由常务副总经理徐某负责,分管安全生产工作的副总经理姚某协助其工作。根据《中华人民共和国安全生产法》有关规定,此期间对该公司的安全生产工作全面负责的人是( )。

   A. 安某　　　　　B. 张某　　　　　C. 徐某

3. 某化工厂委托一家安全生产服务机构为本单位提供安全生产管理服务,在这种情况下,保证该厂安全生产的责任( )。

   A. 仍由该厂负责

   B. 由接受委托的安全生产服务机构负责

   C. 主要由接受委托的安全生产服务机构负责,该厂承担相应责任。

4. 王某为某国有石油开采企业的主要负责人,下列关于王某在安全生产方面的职责表述中,不正确的是( )。

   A. 组织制定本单位的安全生产规章制度

   B. 组织制订本单位的事故应急救援预案

   C. 亲自为职工讲授安全生产培训课程

5. 某石油管道企业共有基层员工83人,管理人员15人,依据《中华人民共和国安全生产法》的规定,下列关于该企业安全生产管理机构设置和安全生产管理人员配备的说法,正确的是( )。

   A. 该企业可根据需要,自主决定是否设置安全生产管理机构、配备安全生产管理人员,这是其经营主权范围内的事

B. 该企业规模较小，配备兼职安全生产管理人员就可以了

C. 该企业应当设置安全生产管理机构或者配备专职安全生产管理人员

6. 吉林省长春市某公司发生的特别重大火灾爆炸事故，共造成121人死亡，76人受伤。造成重大人员伤亡的主要原因之一是主厂房内逃生通道复杂，且部分安全出口闭锁。根据《中华人民共和国安全生产法》关于生产经营场所和员工宿舍的说法，错误的是（　　）。

A. 危险品存储仓库不得与员工宿舍在同一座建筑物内

B. 生产危险物品的车间应当与员工宿舍保持安全距离

C. 在夜间可以闭锁、封堵员工宿舍出口

7. 某煤矿企业的主要负责人李某未履行《中华人民共和国安全生产法》规定的安全生产管理职责，导致发生生产安全事故，给予撤职处分，并在（　　）年内不得担任任何生产经营单位的主要负责人。

A. 2　　　　　　　　B. 3　　　　　　　　C. 5

8. 樊某是一家化工厂的车间加料工，在工作中由于意外造成身体损害，除依法享有工伤保险外，依照有关民事法律上有获得赔偿的权利的，有权向（　　）提出赔偿要求。

A. 本单位　　　　　B. 安全生产监督管理部门　　　C. 工伤保险经办机构

9. 某建筑企业，企业经理为法定代表人，没有现场安全生产管理负责人。该企业在其注册地的某项施工过程中，发生吊臂脱落事故，三人死亡，一人重伤。事故造成的损失包括：医疗费用（含护理费）45万元，丧葬及抚恤费60万元，处理事故和现场抢救费用28万元，设备损失200万元，停产损失150万元。根据上述情况描述，此次事故的直接经济损失为（　　）。

A. 45万元　　　　　B. 105万元　　　　　C. 333万元

10. 某企业吊装作业工程中，发生吊臂防滑板开焊，造成吊臂脱落事故，三人死亡，一人重伤。根据《企业职工伤亡事故分类》（GB 6441—1986），该事故的类别应为（　　）。

A. 物体打击　　　　B. 机械伤害　　　　C. 起重伤害

11. 在有爆炸危险的环境中动火，应对空气进行取样分析，取样时间与作业的时间不得超过（　　）。

A. 2min　　　　　　B. 30min　　　　　　C. 2h

12. 2010年5月10日8时，工程公司人员甲、乙两人受公司指派到C炼油厂污水处理车间疏通堵塞的污水管道。两人未到C炼油厂进行办理任何手续就开始作业，甲下到3m多深的污水井内用水桶清理污泥，乙在井口用绳索向上提。11时左右，当甲再次顺爬梯到井底时，突然倒地。事故调查人员测得井底甲烷含量2.7%，硫化氢含量850mg/m³。进入C炼油厂污水井内清污作业需办理（　　）。

A. 动火作业许可证　　B. 受限空间作业许可证　　C. 管道作业许可证

13. 2010 年 5 月 10 日 8 时，B 工程公司人员甲、乙两人受公司指派到 C 炼油厂污水处理车间疏通堵塞的污水管道。两人未到 C 炼油厂进行办理任何手续就开始作业，甲下到 3m 多深的污水井内用水桶清理污泥，乙在井口用绳索向上提。11 时左右，当甲再次眼爬梯到井底时，突然倒地。事故调查人员测得井底甲烷含量 2.7%，硫化氢含量 850mg/m³。该起事故导致甲、乙死亡的直接原因是（　　）。

A. 盲目施救　　　　　B. 窒息　　　　　C. 中毒

14. 2004 年 10 月 9 日，某平台下午 2 点 10 分控制房中的火气系统显示钻井办公室的一个热感探头报警，同时平台的公共通话系统喇叭报火警，平台生产随即关断。平台随即启动应急响应，2 点 26 分将钻井办公室火扑灭。事故调查发现，钻井办公室一风扇老化过热引起这场火灾。热感探头探测在空气散发热量的（　　）。

A. 上升温度　　　　　B. 上升压力　　　　　C. 上升速度

15. 某 A 平台在将电潜泵机组起出钻台之后，一承包商在切割电潜泵电缆和控制线后，该员工决定使用割管器切断管线，有液体泄漏到钻台上，液体（乙酸）通过棉手套滴到了他的手上使其左手发生化学灼伤。受伤者立刻用清水冲洗后就医。根据《企业职工伤亡事故分类》（GB 6441—1986），该事故的类别应为（　　）。

A. 灼烫　　　　　B. 中毒　　　　　C. 物体打击

二、判断题

（在括号中回答"正确"或"错误"）

1. 2007 年 7 月 15 日，某化工厂发生爆炸起火事故，造成了死亡 35 人，重伤 5 人，轻伤 12 人，直接经济损失 800 多万元。按照《生产安全事故报告和调查处理条例》的规定，该起事故属于特别重大事故。（　　）

2. 2014 年 8 月，某金属制品公司抛光二车间发生特别重大铝粉尘爆炸事故，当天造成 75 人死亡、185 人受伤。按照《企业职工伤亡事故分类标准》该事故类别属于其他爆炸事故。（　　）

3. 某起事故因人身伤亡所支出的费用是 640 万元，善后处理费用是 130 万元，财产损失价值达 280 万元，停产、减产损失价值 20 万元，资源损失价值 30 万元。这起事故的直接经济损失是 1100 万元。（　　）

4. 某化工厂 3 名机械工人在没有作业许可的情况下，利用乙炔割炬在硫酸罐底部开孔放水，硫酸罐发生爆炸，废除的硫酸罐顶从空中下落，砸死 2 人，1 人重伤，通往医院途中死亡。这起事故按照事故性质分类构成非责任事故。（　　）

5. 某危险化学品生产企业，北区建有库房，南区通过氧化反应生产脂溶性剧毒危险化学品 A，中区为办公室。为扩大生产，计划在北区新建工程项目。该企业要取得安全生产许可证应进行安全现状评价。（　　）

6. 某危险化学品生产企业，北区建有库房，南区通过氧化反应生产脂溶性剧毒危险化学品 A，中区为办公室。为扩大生产，计划在北区新建工程项目。建立、健全本企业的安全生产责任制是该单位安全管理人员的责任。（　　）

7. 某化工厂 3 名机械工人在没有作业许可的情况下，利用乙炔割炬在硫酸罐底部开孔放水，准备接出第二个硫酸罐管道，焊工点燃割炬着火的瞬间，硫酸罐发生爆炸，废除的硫酸罐顶从空中下落，砸死 2 人，1 人重伤，通往医院途中死亡。根据《中华人民共和国安全生产法》的规定，事故调查处理应当按照科学严谨、依法依规、实事求是、注重实效的原则。（　　）

8. 某承包商领队准备在某平台进行脚手架架设作业，该项作业应该选择开具热工作业许可证？（　　）

9. 2008 年 10 月，某平台模块钻机连接调试项目一焊工在切割作业时，正在使用的乙炔管线破裂着火，看火人员立刻去关闭乙炔和氧气气瓶，由于 500mm 的火焰持续两秒，烧到焊工，导致焊工左侧脸部轻微烧伤（Ⅰ度，面积 1.6%）。根据《企业职工伤亡事故分类》（GB 6441—1986），该事故的类别应为火灾。（　　）

10. 2010 年 10 月 1 日，某终端承包商员工邹某在制冷单元二层平台进行阀门盘根压盖锈蚀螺丝的更换作业，当进行到第六个阀门卸掉压盖螺栓时，阀杆弹出，击中其面部，抢救无效死亡。根据《企业职工伤亡事故分类》（GB 6441—1986），该事故的类别应为物体打击。（　　）

11. 生产经营单位甲公司，委托机构乙为其提供全面的安全生产技术、管理服务，保证安全生产的责任由乙机构负责。（　　）

12. 某石油开采企业一台新设备投入使用，按照《中华人民共和国安全生产法》的规定必须了解、掌握其安全技术特性，采取有效的安全防护措施，并对从业人员进行专门的安全生产教育和培训。（　　）

13. 某平台在将电潜泵机组起出钻台之后，一承包商在切割电潜泵电缆和控制线，在割断之后，该员工决定使用割管器切断管线，有液体泄漏到钻台上，液体（乙酸）通过棉手套滴到了他的手上使其左手发生化学灼伤，受伤者立刻用清水冲洗后就医。为了避免类似的事故的发生，工作人员应该佩带橡胶手套。（　　）

14. 2006 年 5 月 19 日，在一条长输管线的阀室施工场地，一分包商小型打夯机的操作工由于电源线断了，打夯机操作工在重新连接 380V 的电源线的过程中触电身亡。关于电流途径人体最危险的路径是左手到前胸。（　　）

15. 2006 年 3 月 7 日，一名在储罐内进行珍珠岩保温层填充作业的工人，在进入储罐后，储罐内灯光突然熄灭了。当时这名工人站在这个区域内，没有佩戴安全带。在停电后，他通过对讲机把情况告知了罐外面的监督。监督指示他在原地不要动。在黑暗中这名工人没有遵从监督的指令，意外地坠落到保温层夹缝中造成死亡。案例导致人员伤亡的直接原因是高处坠落。（　　）

三、多项选择题

1. 某起事故因人身伤亡所支出的费用是 640 万元，善后处理费用是 130 万元，财产损失达 280 万元，停产、减产损失价值 20 万元，资源损失价值 30 万元。这次事故属于直接经济损失是（   ）。

   A. 人身伤亡所支出的费用   B. 善后处理费用

   C. 财产损失   D. 停工减产

2. 1988 年 7 月 6 日英国北海阿尔法平台爆炸事故震惊世界，造成了巨大的人员伤亡和经济损失。在进行事故原因分析中，作业许可制度被认为导致此次事故发生的最重要的原因之一。下面关于作业许可证内容的说法，正确的是（   ）。

   A. 作业许可证规定了工作范围

   B. 作业许可证包括危害和风险识别，以及风险控制措施

   C. 作业许可证将工作和别的相关操作联系起来

   D. 作业许可证能够确保工作安全

3. 1988 年 7 月 6 日英国北海阿尔法平台爆炸事故震惊世界，造成了巨大的人员伤亡和经济损失。在进行事故原因分析中，作业许可制度被认为导致此次事故发生的最重要的原因之一。下面关于作业许可证的说法，正确的是（   ）。

   A. 作业许可证必须在作业前开始签发

   B. 作业许可证签发过超过 2h 没有开始作业，则必须为该作业重新申请许可证

   C. 作业许可证的有效期一般是 12h，任何情况都不允许延长

   D. 任何情况下，作业许可证都不能重新签发

4. 某城市煤矿发生瓦斯爆炸事故，事故造成死亡 29 人。该煤矿雇工在安全生产方面享有的权利有：（   ）。

   A. 有权了解其工作场所和工作岗位存在的危险因素、防范措施和事故应急措施

   B. 有权拒绝违章指挥

   C. 发现直接危及人身安全的紧急情况时，有权停止工作，撤离作业场所

   D. 因安全事故受到伤害的从业人员，除依法享有工伤保险外，尚有获得赔偿的权利

   E. 无权拒绝矿方的强令冒险作业

5. 某城市煤矿发生瓦斯爆炸事故，事故造成死亡 29 人。该煤矿雇工在安全生产方面应尽的义务是（   ）。

   A. 应当严格遵守本单位的安全生产规章制度和操作规程

   B. 应当服从管理，正确佩戴和使用劳动保护用品

   C. 接受安全生产教育和培训

   D. 发现事故隐患或者其他不安全因素，立即报告

   E. 当工友遇到危险时，有无条件施救的义务

6. 某城市煤矿发生瓦斯爆炸事故，事故造成死亡 29 人。该煤矿负责人在事故发生后，应该做的工作是（　　）。

A. 立即上报有关部门

B. 组织人员抢救伤员，减少事故损失

C. 和伤亡者签订赔偿协议，减轻其承担责任

D. 为防止死亡旷工家属的追逃，可以躲避起来

E. 立即转移账户上的资金

7. 某化工厂 3 名机械工人在没有作业许可的情况下，利用乙炔割炬在硫酸罐底部开孔放水，硫酸罐发生爆炸，废除的硫酸罐顶从空中下落，砸死 2 人，1 人重伤，通往医院途中死亡。在利用乙炔割炬切个钢材时，应注意氧气瓶的阀门和氧气带等处严禁黏附（　　）。

A. 水　　　　　　　　　　　　　B. 污物

C. 油漆　　　　　　　　　　　　D. 油脂

8. 某危险化学品生产企业，北区建有库房，南区通过氧化反应生产脂溶性剧毒危险化学品 A，中区为办公室。为扩大生产，计划在北区新建工程项目。为了防止危险化学品爆炸事故的再次发生，该企业可以采取的措施有（　　）。

A. 安装安全监控系统　　　　　　B. 进行危险源辨识

C. 开展风险评价　　　　　　　　D. 准备充足的医疗救护设备

9. 某储运公司有 8 个库房，一号仓库存放双氧水 5t，4 号仓库存放硫化钠 10t、过硫酸铵 40t、高锰酸钾 10t、硝酸铵 130t、洗衣粉 50t；6 号仓库存放硫磺 15t、甲苯 4t、甲酸乙酯 10t。甲苯挥发爆炸的基本要素包括（　　）。

A. 甲苯蒸汽与空气混合浓度达到爆炸极限　　B. 环境相对湿度超过 50%

C. 开放空间　　　　　　　　　　D. 点火源

10. 某储运公司有 8 个库房，一号仓库存放双氧水 5t，4 号仓库存放硫化钠 10t、过硫酸铵 40t、高锰酸钾 10t、硝酸铵 130t、洗衣粉 50t；6 号仓库存放硫磺 15t、甲苯 4t、甲酸乙酯 10t。根据相关法律法规，下列物质中，目前在我国属于危险化学品的有（　　）。

A. 高锰酸钾　　　　　　　　　　B. 硝酸铵

C. 甲苯　　　　　　　　　　　　D. 甲酸乙酯

11. 某化学品公司，生产的原料是甲苯、二甲苯，储存在危险品仓库内。甲苯储存火灾应选用（　　）灭火剂。

A. 水　　　　　　　　　　　　　B. 泡沫

C. 干粉　　　　　　　　　　　　D. 二氧化碳

12. 2008 年 10 月，某平台模块钻机连接调试项目一焊工在切割作业时，正在使用的乙炔管线破裂着火，看火人员立刻去关闭乙炔和氧气气瓶，由于 500mm 的火焰持续两秒，吹伤焊工，导致焊工左侧脸部轻微烧伤（Ⅰ度，面积 1.7%）。下面关于该事故原因分析正确的是（　　）。

A. 工具缺陷：使用的着火软管已经一年多，外部老化龟裂

B. 个人违规：未按照要求取得作业许可证

C. 关键的安全习惯没有得到正确的确认

D. 缺乏对工作场所和作业危险的鉴定

13. 2010年5月10日8时，B工程公司人员甲乙两人受公司指派到C炼油厂污水处理车间疏通堵塞的污水管道。进入C炼油厂污水井内清污作业时，应佩戴的劳动防护用品包括（   ）。

  A. 安全帽   B. 空气呼吸器

  C. 防护手套   D. 耳塞

14. 2010年5月10日8时，B工程公司人员甲乙两人受公司指派到C炼油厂污水处理车间疏通堵塞的污水管道。进入C炼油厂污水井作业前需进行气体检测，通常检测的气体包括（   ）。

  A. 可燃气体   B. 硫化氢

  C. 氧气   D. 一氧化碳

15. 2010年5月10日8时，B工程公司人员甲乙两人受公司指派到C炼油厂污水处理车间疏通堵塞的污水管道。在C炼油厂污水井内可能发生的事故包括（   ）。

  A. 火灾   B. 淹溺

  C. 中毒窒息   D. 机械伤害

第五章 应急管理

一、单项选择题

1. 事故发生后,公司领导和各部门负责人应按( ),在第一时间内组织事故救援工作,发生重大事故时,应集结在事故应急救援指挥部,听从总指挥的安排和指令。

   A.专门预案　　　　　B.特殊预案　　　　　C.各级预案的规定

2. 事故发生后,各应急救援专业队负责人应按( )的指令,立即集结本队人员,携带应急救援装置,迅速赶赴事故现场展开救援。

   A.厂长　　　　　　　B.企业负责人　　　　C.事故应急救援指挥部

3. 企业必须依法设置( ),配备专职或者兼职安全生产应急管理人员,建立应急管理工作制度。

   A.安全生产应急管理机构

   B.保卫部

   C.安全讨论小组

4. 企业必须建立( ),配备必要的应急装备、物资,危险作业必须有专人监护。

   A.专职应急救援队伍

   B.兼职应急救援队伍

   C.专(兼)职应急救援队伍或与邻近专职救援队签订救援协议

5. 企业必须向从业人员告知作业岗位、场所危险因素和险情处置要点,高风险区域和重大危险源必须设立( ),并确保逃生通道畅通。

   A.明显标识　　　　　B.应急通道　　　　　C.风向标

6. 必须开展从业人员岗位应急知识教育和自救互救、避险逃生技能培训,并定期组织( )。

   A.培训　　　　　　　B.交流　　　　　　　C.考核

7. 爆破、吊装等危险作业必须安排( ),确保操作规程的遵守和安全措施的落实。

   A.专人进行现场安全管理　　　　　　　　　B.班组长

   C.企业负责人

8. ( )是企业安全生产应急管理的第一道防线,是生产安全事故应急处置的首要响应者。

A. 岗位从业人员　　　　B. 安全管理人员　　　　C. 班组长

9. 企业必须按照国家有关规定对所有岗位从业人员进行（　　），确保其具备本岗位安全操作、自救互救以及应急处置所需的知识和技能，切实突出厂（矿）、车间（工段、区、队）、班组三级安全培训，不断提升岗位从业人员应急能力。

A. 安全培训　　　　　　B. 参观实习　　　　　　C. 应急培训

10. 企业事业单位应当定期进行应急演练，演练结束后，（　　）对环境应急预案演练进行评审。

A. 适当时　　　　　　　B. 必须　　　　　　　　C. 不必

11. 下列事件中不属于突发环境紧急情况和事件的选项是（　　）。

A. 有毒化学品泄漏扩散

B. 集体食物中毒

C. 非正常大量废水排放

12. 《突发环境事件应急预案管理暂行办法》第二十一条规定，企业事业单位，应当（　　）至少组织一次预案培训工作。

A. 每半年　　　　　　　B. 每年　　　　　　　　C. 每二年

13. 应急救援是在应急响应过程中，为（　　）事故危害，防止事故扩大或恶化，最大限度地降低事故造成的损失或危害而采取的救援措施或行动。

A. 消除　　　　　　　　B. 减少　　　　　　　　C. 消除、减少

14. 生产经营单位安全生产事故应急预案是贯彻落实"（　　）"方针，是保证职工安全健康和公众生命安全，最大限度地减少财产损失、环境损害和社会影响的重要措施。

A. 以人为主　　　　　　B. 预防为主　　　　　　C. 安全第一、预防为主、综合治理

15. 事故应急救援的总目标是通过应急救援行动，尽可能地降低事故的危害，包括人员伤亡，财产损失和环境破坏等，应急救援工作的首要任务是（　　）。

A. 控制危险源　　　　　B. 营救受害人员　　　　C. 消除危害后果

16. 遇到（　　）天气不能从事高处作业。

A. 6级以上大风和雷电、暴雨、大雾

B. 冬天

C. 35℃以上的热天

17. 一般性有毒、有腐蚀性的化学品的生产和使用区域内，包括装卸、储存和分析取样点附近、安全喷淋洗眼器按（　　）距离设置一站。

A. 20～30m　　　　　　B. 25～35m　　　　　　C. 30～35m

18. 在应急管理过程中，加大建筑物安全距离、减少危险物品存放量、设置防护墙等措施，属于应急管理（　　）阶段所做的工作。

A. 预防　　　　　　　　B. 准备　　　　　　　　C. 响应

19. 应急预案编制的内容框架要依照（　　）中要求的预案构成要素进行编制。

A.《生产经营单位安全生产事故应急预案编制导则》（GB/T 29639—2013）

B. 安全生产法

C. 职业卫生法

20. 矿山救护队确保在（　　）内应急值守，并确保应急状态下，能够在 20min 内赶赴救援现场。

A. 12h　　　　　　　　B. 24h　　　　　　　　C. 16h

21. 现场处置方案是生产经营单位根据不同事故类别，针对具体的场所、装置或设施所制订的应急处置措施，主要包括（　　）、应急工作职责、应急处置和注意事项等内容。

A. 事故风险分析　　　　B. 应急指挥机构及职责　　C. 处置程序

22. 生产经营单位应根据风险评估、岗位操作规程以及（　　），组织本单位现场作业人员及安全管理等专业人员共同编制现场处置方案。

A. 危险源布局　　　　B. 人员类型特征　　　　C. 危险性控制措施

23. 生产经营单位应当根据有关法律、法规和（　　），结合本单位的危险源状况、危险性分析情况和可能发生的事故特点，制订相应的应急预案。

A.《中华人民共和国安全生产法》

B.《生产经营单位生产安全事故应急预案编制导则》（GB/T 29639—2013）

C.《中华人民共和国环境保护法》

24. 事故风险可能影响周边其他单位、人员的，生产经营单位应当将有关事故风险的性质、影响范围和（　　）告知周边的其他单位和人员。

A. 危害程度　　　　B. 应急防范措施　　　　C. 不同类型

25. 矿山、金属冶炼、建筑施工企业和易燃易爆物品、危险化学品等危险物品的生产、经营、储存、运输企业、使用危险化学品达到国家规定数量的化工企业、烟花爆竹生产、批发经营企业和中型规模以上的其他生产经营单位，应当每（　　）年进行一次应急预案评估。

A. 一　　　　　　　　B. 二　　　　　　　　C. 三

26. 在应急演练过程中，观察和记录演练活动，比较演练过程与演练目标要求的适合性，并提出演练发现问题，这项工作一般应由（　　）完成。

A. 策划人员　　　　B. 演练人员　　　　C. 评估人员

27. 桌面演练是一种圆桌讨论或演习活动，其目的是为了提高协调配合及解决问题的能力，使各级应急部门、组织和个人明确、熟悉应急预案中所规定的（　　）。

A. 风险　　　　　　B. 职责和程序　　　　C. 应急方案

28. 某钢铁集团冷轧厂罩式炉退火作业区脱脂机组试生产时，某操作工在配置碱液过程中发生意外，造成碱液喷射至其面部。针对上述意外事件，应第一时间采取的应急措施是（　　）。

　　A. 保护现场，同时拨打 120，等待医生前来救护

　　B. 使用大量清水冲洗，同时拨打 120 救护或就近送往医院

　　C. 使用低浓度的酸性液体中和，同时拨打 120 救护或就近送往医院

29. 某单位针对其码头存放的油品制定了油品泄漏、火灾、爆炸事故应急预案。按照重大事故应急预案的层次划分，该预案是（　　）。

　　A. 综合预案　　　　　　B. 现场预案　　　　　　C. 专项预案

二、判断题

（在括号中回答"正确"或"错误"）

1. 事故指挥官负责现场应急响应的所有方面的工作。（　　）
2. 应急设施、器材所在单位定期进行维护保养，确保完好使用。（　　）
3. 事故发生后，公司各重要岗位的人员，应采取正确紧急措施，确保设备安全，避免其他事故发生或事故扩大。（　　）
4. 鼓励生产经营单位和其他社会力量建立应急救援队伍，配备相应的应急救援装备和物资，提高应急救援的专业化水平。（　　）
5. 对于从业人员来说，熟悉作业场所和工作岗位存在的危险因素、应采取的防范措施和事故应急措施的行为可有可无。（　　）
6. 企业负责人是最有条件开展第一时间处置的，其熟悉本企业生产经营活动和事故的特点，在第一时间组织抢救，避免事故扩大，意义重大。（　　）
7. 熟练掌握个人防护装备和通信装备的使用，属于应急训练的专业训练。（　　）
8. 在重大事故应急救援体系中，医疗救治的重要职责是尽可能、尽快地控制并消除事故，营救受害人员。（　　）
9. 依据《生产经营单位生产安全事故应急预案编制导则》（GB/T 29639—2013），针对重要生产设施、重大危险源、重大活动等内容而制定的应急预案属于现场处置方案。（　　）
10. 疏散和救援属于为防止事故发生而采用的安全技术措施。（　　）
11. 发生触电事故以后，首先应该迅速让触电者脱离电源，如触电者心跳、呼吸均已停止，应立即打"120"呼叫救护大队送医院救治。（　　）
12. 对应急行动的统一指挥是有效开展应急救援的关键。（　　）
13. 应急管理是一个动态过程，分为四个阶段，为有效应对突发事件需要事先采取相

应措施的阶段,称为响应阶段。(   )

14. 当事故可能影响到周边地区,对周边地区可能造成威胁时,应及时启动警报系统。(   )

15. 应急准备是指针对可能发生的环境污染事件为迅速、有序地开展应急行动而预先进行的物质准备。(   )

16. 发生地震时,如在家里,千万不能滞留在床上或站在房间中央,更不能躲在窗户边,不要靠近不结实的墙体,不要破窗而逃。(   )

17. 外伤的急救步骤是:止血、包扎、固定、送医院。(   )

18. 发现监测异常,对现场人员生命构成威胁时,要立即发出疏散撤离号令。(   )

19. 恢复是指事故的影响得到初步控制后,为使生产、工作、生活和生态环境尽快恢复到正常状态而采取的措施或行动。(   )

20. 发生火灾后,先判断火势来源,采取火源相反方向逃生(其他得到警报的人员),应用湿毛巾或湿衣服遮掩口鼻,放低身体姿势,浅呼吸、快速、有序地向安全出口撤离。离开房间后,应关紧房门。(   )

21. 瓦斯漏气或着火时应急处置程序:立即关闭瓦斯开关;千万不可开启或关闭任何电器开关;轻轻的打开所有门窗并迅速逃出户外;拨打供气单位维修电话或119。(   )

22. 遇到断开的高压线对人员造成伤亡时,首先用干燥的长木棍将高压电线挑开,再进行急救。(   )

23. 全体员工的职责:熟练掌握应急处理技能,参与应急管理活动;在紧急情况下,所有生产区域的员工必须承担应急处置的相应职责。(   )

24. 任何电气设备在未验明无电之前,一律认为有电。(   )

25. 安全检查属于事故应急救援系统的应急响应过程。(   )

26. 一个完整的重大事故应急预案的文件体系包括预案、程序、指导书、应急行动的记录。(   )

27. 应急预案的演练是检验、评价和保持应急能力的一个重要手段。在会议室内举行,以锻炼参演人员解决问题的能力、解决应急组织相互协作和职责划分的问题为目的的演练称为桌面演练。(   )

28. 综合应急预案是针对某种具体的、特定类型的紧急情况而制定的计划或方案。(   )

29. 综合应急预案编制的目的就是规范企业应急管理和应急响应程序,确保企业迅速有效地处理企业安全生产事故、将事故对人员、财产和环境造成的损失降至最小程度,最大限度地保障企业和职工的安全。(   )

30. 综合应急预案包括:规定企业应急组织机构和职责、应急响应原则、应急管理程序等内容。(   )

31. 应急预案编制包括编制程序、编制准备和编制任务。（   ）

32. 应急预案演练必须每个员工参与，领导因工作忙，也可不参与。（   ）

33. 应急预案的管理遵循综合协调、分类管理、分级负责、属地为主的原则。（   ）

34. 风险因素单一的小微型生产经营单位也必须编制专项应急预案。（   ）

35. 县级以上地方各级人民政府应急管理部门负责本行政区域内应急预案的综合协调管理工作。县级以上地方各级人民政府其他负有安全生产监督管理职责的部门按照各自的职责负责有关行业、领域应急预案的管理工作。（   ）

36. 生产经营单位主要负责人负责组织编制和实施本单位的应急预案，并对应急预案的真实性和实用性负责；各分管负责人应当按照职责分工落实应急预案规定的职责。（   ）

37. 生产经营单位应急预案分为两类，分别是专项应急预案和现场处置方案。（   ）

38. 机构与职责、教育和训练与演练、互助协议、接警与通知均属于事故应急预案要素中应急准备的要素。（   ）

39. 应急资源属于事故应急预案要素中应急响应的要素。（   ）

40. 建立应急演练策划小组（或领导小组）是成功组织开展应急演练工作的关键，为了确保演练的成功，评价人员不得参与策划小组，更不能参与演练方案的设计。（   ）

三、多项选择题

1.《中华人民共和国突发事件应对法》中将突发事件预警分为一级、二级、三级和四级，分别用（   ）颜色标示。

A. 红色 B. 橙色
C. 黄色 D. 蓝色

2. 应急预案编制单位应当建立应急预案定期评估制度，对预案内容的（   ）进行分析，并对应急预案是否需要修订作出结论。

A. 针对性 B. 时效性
C. 实用性 D. 操作性

3. 综合应急预案应当规定应急组织机构及其职责、（   ）、保障措施、应急预案管理等内容。

A. 应急预案体系 B. 事故风险描述
C. 预警及信息报告 D. 应急响应

4. 生产经营单位应当组织开展本单位的（   ）的培训活动，使有关人员了解应急预案内容，熟悉应急职责、应急处置程序和措施。

A. 应急预案 B. 应急知识
C. 自救互救 D. 避险逃生技能

5. 应急培训的（　　）、参加人员和考核结果等情况应当如实记入本单位的安全生产教育和培训档案。

A. 时间　　　　　　　　　　　　　　B. 地点

C. 内容　　　　　　　　　　　　　　D. 师资

6.（　　）是企业开展应急管理工作的基本前提，在企业的应急管理工作中发挥着不可或缺的重要作用。

A. 应急管理机构　　　　　　　　　　B. 应急管理人员

C. 应急装备　　　　　　　　　　　　D. 应急措施

7. 应急管理机构的（　　）等，应根据不同企业的实际情况和特点确定。

A. 规模　　　　　　　　　　　　　　B. 人员结构

C. 设备配备情况　　　　　　　　　　D. 专业技能

8. 中央企业应当按照（　　）的原则，建设以专业队伍为骨干、兼职队伍为辅助、职工队伍为基础的企业应急救援队伍体系。

A. 专业救援　　　　　　　　　　　　B. 险时救援

C. 专业救援和职工参与相结合　　　　D. 险时救援和平时防范相结合

9. 企业建立的专（兼）职应急救援队伍，在事故发生时，能够在第一时间迅速、有效地（　　）。

A. 投入救援与处置工作　　　　　　　B. 防止事故进一步扩大

C. 最大限度地减少人员伤亡　　　　　D. 最大限度地减少财产损失

10. 应急预案应形成体系，针对各级各类可能发生的事故和所有危险源制订专项应急预案和现场应急处置方案，并明确（　　）的各个过程中相关部门和有关人员的职责。

A. 事前　　　　　　　　　　　　　　B. 事发

C. 事中　　　　　　　　　　　　　　D. 事后

11. 应急演练演习的类型：（　　）。

A. 桌面演习　　　　　　　　　　　　B. 功能演习

C. 全面演习　　　　　　　　　　　　D. 局部演习

12. 大型施工作业时，各属地主管应组织现场各承包商队伍开展风险评估，制订（　　），并组织现场所有专业队伍进行应急演练。

A. 风险削减措施　　　　　　　　　　B. 现场指挥要求

C. 应急预案　　　　　　　　　　　　D. 实际作业规定

13. 预警行动通过（　　）、上级部门和政府主管部门预报等信息预测预报对可能发生灾害事件进行预警。

A. 预警系统　　　　　　　　　　　　B. 隐患排查

C. 风险评估　　　　　　　　　　　　D. 现场隐患排查

14. 报告内容包括但不仅限于以下内容：（   ）。

A. 事件类别

B. 事件发生的单位、时间、地点和现场情况

C. 事件简要经过、伤亡人数和财产损失情况的初步估计

D. 信息来源，报告人的单位、姓名、职务和联系电话

15. 应急管理单位在执行预案实施应急救援的过程中，发现并记录的本预案的（   ）进行清理、登记，及时对预案进行修订，重新发布。

A. 不符合项　　　　　　　　　　　　B. 无效性项

C. 错误项　　　　　　　　　　　　　D. 其他不足之处

16. 触电现场急救程序：（   ），速送医院。

A. 切断总电源（如电源总开关在附近）　B. 脱离伤员和电源（用绝缘物）

C. 心肺复苏（心跳、呼吸停止者）　　　D. 包扎电烧伤伤口

17. 按照事故应急预案编制的整体协调性和层次不同，可将其划分为（   ）等几个层次。

A. 专项预案　　　　　　　　　　　　B. 基本预案

C. 现场处置方案　　　　　　　　　　D. 综合预案

18. 编制程序需要：应急预案编制工作组、（   ）和应急预案评审与发布。

A. 资料收集　　　　　　　　　　　　B. 危险源与风险分析

C. 应急能力评估　　　　　　　　　　D. 应急预案编制

19. 应急预案体系构成有（   ）三部分。

A. 综合应急预案　　　　　　　　　　B. 专项应急预案

C. 现场处置方案　　　　　　　　　　D. 特殊应急预案

20. 综合应急预案中的预防和预警包括（   ）。

A. 危险源监控　　　　　　　　　　　B. 预警行动

C. 信息报告　　　　　　　　　　　　D. 通知

21. 应急保障措施分为：（   ）、经费保障和其他保障。

A. 通信与信息保障　　　　　　　　　B. 应急队伍保障

C. 应急物资　　　　　　　　　　　　D. 装备保障

22. 专项应急预案主要包括（   ）等内容。

A. 事故风险分析　　　　　　　　　　B. 应急指挥机构及职责

C. 处置程序　　　　　　　　　　　　D. 措施

23. 海上作业者和承包者应当组织生产和作业设施的相关人员定期开展应急预案的演练，演练时间间隔正确的是（   ）。

A. 消防演习：每倒班期一次　　　　　B. 弃平台演习：每倒班期一次

C. 人员落水救助演习：每季度一次　　D. 井控演习：每倒班期一次

第四部分

海上石油作业
安全管理人员应掌握的知识
参考答案与解析

第一章 安全生产法律法规

一、单项选择题答案与解析

1. B

【解析与依据】《海洋石油安全管理细则》（国家安全生产监督管理总局令〔2009〕第25号）第十八条　按照设施不同区域的危险性，划分三个等级的危险区。

2. C

【解析与依据】《海洋石油安全管理细则》（国家安全生产监督管理总局令〔2009〕第25号）第十九条　设施的作业者或者承包者应当建立动火、电工作业、受限空间作业、高空作业和舷（岛）外作业等审批制度。作业完成后，作业负责人应当在作业通知单上填写完成时间、工作质量和安全情况，并交付设施负责人保存。作业通知单的保存期限至少1年。

3. C

【解析与依据】《海洋石油安全管理细则》（国家安全生产监督管理总局令〔2009〕第25号）第九十条　出海人员必须接受"海上石油作业安全救生"的专门培训，并取得具有资质的培训机构颁发的培训合格证书。临时出海人员接受"海上石油作业安全救生"电化教学的培训，培训时间不少于4课时。每1年进行一次再培训。

4. A

【解析与依据】《海洋石油安全管理细则》（国家安全生产监督管理总局令〔2009〕第25号）第一百零二条　作业者和承包者应当组织生产和作业设施的相关人员定期开展应急预案的演练，演练期限不超过下列时间间隔的要求：（一）消防演习：每倒班期一次。（二）弃平台演习：每倒班期一次。（三）井控演习：每倒班期一次。（四）人员落水救助演习：每季度一次。

5. B

【解析与依据】《海洋石油安全管理细则》（国家安全生产监督管理总局令〔2009〕第25号）第四条　国家安全生产监督管理总局海洋石油作业安全办公室（以下简称海油安办）对全国海洋石油安全生产工作实施监督管理；海油安办驻中国海洋石油集团有限公司、中国石油化工集团有限公司、中国石油天然气集团有限公司分部（以下统称海油安办有关分部）分别负责中国海洋石油有限公司、中国石油化工集团有限公司、中国石油天然气集团有限公司的海洋石油安全生产的监督管理。

6. C

【解析与依据】《海洋石油安全管理细则》（国家安全生产监督管理总局令〔2009〕第 25 号）第二十二条　设施配备的救生艇、救助艇、救生筏、救生圈、救生衣、保温救生服及属具等救生设备，应当符合《国际海上人命安全公约》的规定，并经海油安办认可的发证检验机构检验合格。

7. A

【解析与依据】《海洋石油安全管理细则》（国家安全生产监督管理总局令〔2009〕第 25 号）第二十二条　设施配备的救生艇、救助艇、救生筏、救生圈、救生衣、保温救生服及属具等救生设备，应当符合《国际海上人命安全公约》的规定，并经海油安办认可的发证检验机构检验合格。海上石油设施配备救生设备的数量应当满足下列要求：救生衣按总人数的 210% 配备，其中：住室内配备 100%，救生艇站配备 100%，平台甲板工作区内配备 10%，并可以配备一定数量的救生背心。在寒冷海区，每位工作人员配备一套保温救生服。对于无人驻守平台，在工作人员登平台时，根据作业海域水温情况，每人携带 1 件救生衣或者保温救生服。

8. C

【解析与依据】《海洋石油安全管理细则》（国家安全生产监督管理总局令〔2009〕第 25 号）第二十三条　设施上的消防设备应当符合下列规定：（一）根据国家有关规定，针对设施可能发生的火灾性质和危险程度，分别装设水消防系统、泡沫灭火系统、气体灭火系统和干粉灭火系统等固定灭火设备和装置，并经发证检验机构认可。无人驻守的简易平台，可以不设置水消防等灭火设备和装置。

9. B

【解析与依据】《海洋石油安全管理细则》（国家安全生产监督管理总局令〔2009〕第 25 号）第二十三条　设施上的消防设备应当符合下列规定：（三）配备 4 套消防员装备，包括隔热防护服、消防靴和手套、头盔、正压式空气呼吸器、消防斧以及可以连续使用 3 个小时的手提式安全灯。根据平台性质和工作人数，经发证检验机构同意，可以适当减少配备数量。

10. B

【解析与依据】《海洋石油安全生产规定》（国家安全生产监督管理总局令〔2006〕第 4 号）第一条　为了加强海洋石油安全生产工作，防止和减少海洋石油生产安全事故和职业危害，保障从业人员生命和财产安全，根据《中华人民共和国安全生产法》及有关法律、行政法规，制定本规定。

11. C

【解析与依据】海洋石油生产设施试生产正常后，应当由作业者或者承包者负责组织对其安全设施进行竣工验收，并形成书面报告备查。经验收合格并办理安全生产许可证后，方可正式投入生产使用。

12. A

【解析与依据】《海洋石油安全生产规定》（国家安全生产监督管理总局令〔2006〕第 4 号）已经 2006 年 1 月 6 日国家安全生产监督管理总局局长办公会议审议通过，现予公布，自 2006 年 5 月 1 日起施行，原石油工业部 1986 年颁布的《海洋石油作业安全管理规定》同时废止。

13. B

【解析与依据】《海洋石油安全生产规定》（国家安全生产监督管理总局令〔2006〕第 4 号）第六条　作业者应当加强对承包者的安全监督和管理，并在承包合同中约定各自的安全生产管理职责。

14. A

【解析与依据】《海洋石油安全生产规定》（国家安全生产监督管理总局令〔2006〕第 4 号）第九条　出海作业人员应当接受海洋石油作业安全救生培训，经考核合格后方可出海作业。

15. A

【解析与依据】《海洋石油安全生产规定》（国家安全生产监督管理总局令〔2006〕第 4 号）第二十四条　作业者和承包者应当保存安全生产的相关资料，主要包括作业人员名册、工作日志、培训记录、事故和险情记录、安全设备维修记录、海况和气象情况等。

16. B

【解析与依据】《海洋石油安全生产规定》（国家安全生产监督管理总局令〔2006〕第 4 号）第三十条　海油安办及其各分部依法对作业者和承包者执行有关安全生产的法律、行政法规和国家标准或者行业标准的情况进行监督检查，行使以下职权：对有根据认为不符合保障安全生产的国家标准或者行业标准的设施、设备、器材予以查封或者扣押，并应当在 15 日内依法作出处理决定。

17. A

【解析与依据】《海洋石油安全生产知识和管理能力考核与发证指南》（中油分部〔2018〕3 号规定，中油分部负责核准和颁发涉海石油企业主要负责人和安全生产管理人员安全生产知识能力考核合格证）。

18. A

【解析与依据】按作业区域进行划分。

19. B

【解析与依据】《浅海石油作业井控规范》（SY/T 6432—2019）4.2.1.1　固定于钻井设施上的装置：储能器装置。储能器液体压力应保持 18.5～21MPa，储能器液体容积应至少为关闭全部防喷器所需液体容积的 1.5 倍，且储能器提供 1.5 倍容积的所需液体后的最小压力为 9.8MPa。

20. B

【解析与依据】《滩海陆岸石油作业安全规程》（SY 6634—2012）6.2.8.1 进入滩海通井路的车辆轮胎应采用低压轮胎，具有良好的防滑性能，便于人员逃生。

21. B

【解析与依据】《滩海陆岸石油作业安全规程》（SY 6634—2012）8.3.1 生产主管部门在大风到来之前 12h，提供准确的天气预报，提前 10d 提供海上冰情预报。

22. C

【解析与依据】《海上固定平台安全规则》2.3.2 平台最下层甲板高程平台最下层甲板应处于设计环境条件时潮汐与波浪最不利组合情况下的最大波峰高程以上，并留有至少 1.5m 的间隙，以保证最下层甲板的安全。

23. A

【解析与依据】《滩海石油人工岛安全规则》（SY/T 6777—2017）6.1.3 生活区应布置在人工岛全年最小频率风的下风侧，放空管或放空火炬应布置在全年最小频率风向的上风侧。辅助生活区、有火处理区、注入区、无火处理区、原油储存区、井口区等宜在生活区全年最小频率风向的上风侧依次布置。

24. C

【解析与依据】《滩海石油人工岛安全规则》（SY/T 6777—2017）6.3.4 岛上管线采用架空敷设方式时，管架布置应结合设备维修、人行通道、逃生通道统一考虑。管架下面有人员通行需要时，管架净空高度不应小于 2.2m。管架下面有通车检修要求时，管架净空高度不应小于 4.5m。

25. C

【解析与依据】《滩海石油人工岛安全规则》（SY/T 6777—2017）6.2.10 通道设置应符合下列要求：应根据设备维修、逃生疏散等需要设置主通道，不同区域之间、区域内部应设置不小于 1.2m 宽的疏散逃生通道与主通道相连接。

26. A

【解析与依据】《滩海石油人工岛安全规则》（SY/T 6777—2017）5.2.1.2 岛顶面高程应取极端高水位加 0.5～1.0m。

27. B

【解析与依据】《滩海石油人工岛安全规则》（SY/T 6777—2017）5.2.1.3 防浪墙顶高程应设在极端高水位以上不小于 1.0 倍波高值处。该波高为极端高水位时的波高，波高累积频率为 1%。

二、判断题答案与解析

1. 正确

【解析与依据】《海洋石油安全管理细则》（国家安全生产监督管理总局令〔2009

第25号）第九十条　出海人员必须接受"海上石油作业安全救生"的专门培训，并取得具有资质的培训机构颁发的培训合格证书。长期出海人员接受"海上石油作业安全救生"全部内容的培训，培训时间不少于40课时，每5年进行一次再培训。

2. 正确

【解析与依据】《海洋石油安全管理细则》（国家安全生产监督管理总局令〔2009〕第25号）第六十六条　在可能含有硫化氢地层进行钻井作业时，应当采取下列硫化氢防护措施。当空气中含硫化氢浓度达到 $150mg/m^3$（100ppm）时，组织所有人员撤离平台。

3. 正确

【解析与依据】《海洋石油安全管理细则》（国家安全生产监督管理总局令〔2009〕第25号）第十八条　按照设施不同区域的危险性，划分三个等级的危险区：（一）0类危险区，是指在正常操作条件下，连续出现达到引燃或者爆炸浓度的可燃性气体或者蒸气的区域。（二）1类危险区，是指在正常操作条件下，断续地或者周期性地出现达到引燃或者爆炸浓度的可燃性气体或者蒸气的区域。（三）2类危险区，是指在正常操作条件下，不可能出现达到引燃或者爆炸浓度的可燃性气体或者蒸气；但在不正常操作条件下，有可能出现达到引燃或者爆炸浓度的可燃性气体或者蒸气的区域。

4. 正确

【解析与依据】《海洋石油安全管理细则》（国家安全生产监督管理总局令〔2009〕第25号）第十九条　设施的作业者或者承包者应当建立动火、电工作业、受限空间作业、高空作业和舷（岛）外作业等审批制度。

5. 正确

【解析与依据】《海洋石油安全管理细则》（国家安全生产监督管理总局令〔2009〕第25号）第九十条　没有直升机平台或者已明确不使用直升机倒班的海上设施人员，可以免除"直升机遇险水下逃生"内容的培训。

6. 正确

【解析与依据】《海洋石油安全管理细则》（国家安全生产监督管理总局令〔2009〕第25号）第九十条　没有配备救生艇筏的海上设施作业人员，可以免除"救生艇筏操纵"的培训。

7. 正确

【解析与依据】《海洋石油安全管理细则》（国家安全生产监督管理总局令〔2009〕第25号）第二十三条　设施上的消防设备应当符合下列规定：所有的消防设备都存放在易于取用的位置，并定期检查，始终保持完好状态。检查应当有检查记录标签。

8. 正确

【解析与依据】《海洋石油安全管理细则》（国家安全生产监督管理总局令〔2009〕第25号）第三条　海洋石油作业者和承包者是海洋石油安全生产的责任主体，对其安全生产工作负责。

9. 正确

【解析与依据】《海洋石油安全生产规定》(国家安全生产监督管理总局令〔2006〕第 4 号)第五条　作业者和承包者应当遵守有关安全生产的法律、行政法规、部门规章、国家标准和行业标准，具备安全生产条件。

10. 正确

【解析与依据】《海洋石油安全生产规定》(国家安全生产监督管理总局令〔2006〕第 4 号)第七条　作业者和承包者的主要负责人对本单位的安全生产工作全面负责。

11. 错误

【解析与依据】《海洋石油安全生产规定》(国家安全生产监督管理总局令〔2006〕第 4 号)第十条　特种作业人员应当按照国家应急管理部有关规定经专门的安全技术培训，考核合格取得特种作业操作资格证书后方可上岗作业。

12. 正确

【解析与依据】《海洋石油安全生产规定》(国家安全生产监督管理总局令〔2006〕第 4 号)第三十二条　监督检查人员在进行安全监督检查期间，作业者或者承包者应当免费提供必要的交通工具、防护用品等工作条件。

13. 正确

【解析与依据】《海洋石油安全生产规定》(国家安全生产监督管理总局令〔2006〕第 4 号)第三十四条　作业者应当建立应急救援组织，配备专职或者兼职救援人员，或者与专业救援组织签订救援协议，并在实施作业前编制应急预案。

14. 正确

【解析与依据】《海洋石油安全生产规定》(国家安全生产监督管理总局令〔2006〕第 4 号)第三十八条　事故和险情发生后，当事人、现场人员、作业者和承包者负责人、各分部和海油安办根据有关规定逐级上报。

15. 正确

【解析与依据】查询网址为：https：//www.mem.gov.cn/。

16. 正确

【解析与依据】《海洋石油安全生产知识和管理能力考核与发证指南》(中油分部〔2018〕3 号)第七条规定，中油分部将中国石油集团渤海钻探工程有限公司职工教育培训中心设立为国家应急管理部海油安监办中油分部考试中心。

17. 正确

【解析与依据】《石油天然气安全规程》(AQ 2012—2017) 6 海洋石油天然气开采 6.1.1.2 出海人员应穿戴符合标准的个人防护用品。

18. 正确

【解析与依据】《石油天然气安全规程》(AQ 2012—2017) 6 海洋石油天然气开采

6.1.1.1 出海人员应持有健康证明、海洋石油作业安全救生培训证书或相应的安全培训证明。

19. 正确

【解析与依据】《石油天然气安全规程》（AQ 2012—2017）6 海洋石油天然气开采 6.1.1.4 出海人员应了解出海作业安全规定，遵守平台或船舶上的规章制度。

20. 正确

【解析与依据】《石油天然气安全规程》（AQ 2012—2017）6 海洋石油天然气开采 6.1.1.5 出海人员应熟悉所在平台或船舶的应急集合地点、所负的应急职责以及救生衣等存放处，并参加应急演习。

21. 正确

【解析与依据】《石油天然气安全规程》（AQ 2012—2017）4.1.2 企业应依法达到安全生产条件，取得安全生产许可证；建立、健全、落实安全生产责任制，建立、健全安全生产管理机构，设置专、兼职安全生产管理人员。

22. 正确

【解析与依据】《石油天然气安全规程》（AQ 2012—2017）6 海洋石油天然气开采 6.1.1.6 外来人员登临海上平台或船舶，必须接受安全检查和安全教育，服从平台人员的引导。

23. 正确

【解析与依据】《石油天然气安全规程》（AQ 2012—2017）6 海洋石油天然气开采 6.1.2.1 海洋石油设施应有救生、逃生措施。

24. 正确

【解析与依据】《石油天然气安全规程》（AQ 2012—2017）6 海洋石油天然气开采 6.1.2.1 海洋石油设施应有救生、逃生措施。应按以下原则配备救生、逃生的设备：在可能发生火灾、爆炸或有毒有害气体泄漏有人值守的海洋石油设施上，应配备封闭式耐火救生艇。

25. 正确

【解析与依据】《石油天然气安全规程》（AQ 2012—2017）6 海洋石油天然气开采 6.1.2.1 海洋石油设施应有救生、逃生措施。应按以下原则配备救生、逃生的设备：固定设施和钻井平台救生艇数量应能容纳设施上作业的全部人员，浮式生产储油装置救生艇的配置应是作业人数的两倍；在海洋设施的建造、安装阶段，及生产设施在停产检修阶段，通过风险分析评估，在有安全措施的基础上，可用救生筏代替救生艇。

26. 正确

【解析与依据】《石油天然气安全规程》（AQ 2012—2017）6 海洋石油天然气开采 6.1.2.1 海洋石油设施应有救生、逃生措施。应按以下原则配备救生、逃生的设备：除配备救生艇外，固定设施、浮式装置上还应配备作业人数 100% 的救生筏。

27. 错误

【解析与依据】《滩海陆岸石油作业安全规程》（SY 6634—2012）4.1.2.3 从事钻井、完井、修井、测试作业的监督、经理、高级队长、领班，以及司钻、副司钻和井架工、安全监督等人员应接受"井控技术"培训，并取得具有资质的培训机构颁发的培训合格证书；钻井、井下作业正副司钻应持有"石油司钻特种作业操作证"。

28. 正确

【解析与依据】《滩海陆岸石油作业安全规程》（SY 6634—2012）6.2.3.2 有钻井井架或作业井架等可能影响航空安全的障碍物，应在障碍物的最高点处安装符合航空要求的障碍灯。

29. 正确

【解析与依据】《滩海陆岸石油作业安全规程》（SY 6634—2012）6.2.4.1 地面安全阀保持良好的工作状态；气井、自喷井、自溢井应安装井下封隔器；在海床面以下 30m 以下，应安装井下安全阀，并符合下列规定。

30. 正确

【解析与依据】《滩海陆岸石油作业安全规程》（SY 6634—2012）6.2.4.1 地面安全阀保持良好的工作状态；气井、自喷井、自溢井应安装井下封隔器；在海床面以下 30m 以下，应安装井下安全阀，并符合下列规定。

31. 正确

【解析与依据】《滩海陆岸石油作业安全规程》（SY 6634—2012）7.1.4 安全标志，滩海陆岸石油设施上应设置以下安全标志：至少在滩海通井路入口处设置"危险""过水路面""易滑""注意横风""限制速度"等组合式警告标志，"非生产车辆禁止通行"辅助标志或起落式挡车设施。

32. 正确

【解析与依据】《滩海陆岸石油作业安全规程》（SY 6634—2012）7.1.5.1 根据作业环境特点配备相应的劳动防护用品。

33. 正确

【解析与依据】《滩海陆岸石油作业安全规程》（SY 6634—2012）7.2.2 滩海陆岸石油设施生产单位对滩海通井路的车辆制定安全管理规定，并签发通行证，无通行证的车辆严禁驶入。

34. 正确

【解析与依据】《滩海陆岸石油作业安全规程》（SY 6634—2012）7.2.8 大型土方运输、井队搬迁及多车辆进入滩海陆岸石油设施施工作业时，车队负责人或指派专人到现场组织、指挥车辆通行。

35. 正确

【解析与依据】《滩海陆岸石油作业安全规程》（SY 6634—2012）7.2.5 在无错车道的滩海通井路段上行驶时，车辆驶入滩海通井路前应变换灯光或鸣号示意，确定对面没有来车后再通行。

36. 错误

【解析与依据】《滩海陆岸石油作业安全规程》（SY 6634—2012）7.2.6 车辆在有错车道的滩海通井路上行驶时，距离错车道近的车辆应主动停靠，让距离错车道远的车辆先通行。

37. 正确

【解析与依据】《滩海陆岸石油作业安全规程》（SY 6634—2012）4.1.2.1 在滩海陆岸石油设施上的作业人员应接受"海上救生""海上急救""平台消防"培训并取证；在滩海陆岸石油设施上配备救生艇筏的，还应持有"救生艇筏操纵证书"。

38. 正确

【解析与依据】《滩海陆岸石油作业安全规程》（SY 6634—2012）6.2.5.3 所有的消防设备都应存放在易于取用的位置，并定期检查，始终保持完好状态。检查应有检查记录标签。

39. 正确

【解析与依据】《海上固定平台安全规则》2.3.2 平台最下层甲板高程，平台最下层甲板应处于设计环境条件时潮汐与波浪最不利组合情况下的最大波峰高程以上，并留有至少 1.5m 的间隙，以保证最下层甲板的安全。

40. 正确

【解析与依据】《海上固定平台安全规则》2.3.3 平台方位应根据平台所在海域的风、浪、流等环境条件、使用要求及安全要求，确定平台方位。

41. 正确

【解析与依据】《海上固定平台安全规则》2.3.4 甲板通道和甲板间梯道，应根据甲板尺度大小、生产作业和人员逃生的需要设置两处或多处甲板通道和甲板间梯道。

42. 错误

【解析与依据】《海上固定平台安全规则》2.3.4 甲板通道和甲板间梯道，应根据甲板尺度大小、生产作业和人员逃生的需要设置两处或多处甲板通道和甲板间梯道。

43. 正确

【解析与依据】《海上固定平台安全规则》2.3.5.2 油、气井应设置与油藏压力相适应的井口装置。气井、自喷井、应设井上安全阀和井下安全阀。油藏能量低的井，在安全分析的基础上，经安全办公室批准可只设井上安全阀。

44. 正确

【解析与依据】《滩海石油人工岛安全规则》(SY/T 6777—2017) 4.3 从事人工岛的设计、建造、安装以及生产的全过程中,实施发证检验制度。人工岛的发证检验包括建造检验、生产运行中的年度检验、定期检验和临时检验。检验程序和技术要求应符合 SY/T 7051《人工岛石油设施检验技术规范》的规定。

45. 错误

【解析与依据】《滩海石油人工岛安全规则》(SY/T 6777—2017) 4.3 从事人工岛的设计、建造、安装以及生产的全过程中,实施发证检验制度。人工岛的发证检验包括建造检验、生产运行中的年度检验、定期检验和临时检验。检验程序和技术要求应符合 SY/T 7051《人工岛石油设施检验技术规范》的规定。

46. 正确

【解析与依据】《滩海石油人工岛安全规则》(SY/T 6777—2017) 5.1.2 人工岛的形状应根据风向、流向、流冰方向等因素综合考虑确定,并满足使用功能的要求。

47. 正确

【解析与依据】《滩海石油人工岛安全规则》(SY/T 6777—2017) 17.3.9 钻(修)井作业的逃生与救生装置应符合下列要求:应配备急救箱,急救箱内至少装有两套工作救生衣、防水手电及配套电池、简单的医疗包扎用品和日常药品。

48. 正确

【解析与依据】《滩海石油人工岛安全规则》(SY/T 6777—2017) 9.1.4 油管和消防管系上的管系附件垫片应由不燃材料制成。

49. 正确

【解析与依据】《滩海石油人工岛安全规则》(SY/T 6777—2017) 5.2.1.7 人工岛应根据不同的使用需要进行地基处理,以满足稳定性和承载力要求。

50. 正确

【解析与依据】《滩海石油人工岛安全规则》(SY/T 6777—2017) 16.2.2.6 采用海水或类似介质作为消防水源时,消防泵和所有附件应采用抗海水腐蚀的材料。

51. 正确

【解析与依据】《浅海石油作业井控规范》(SY/T 6432—2019) 4.2.1.1 固定于钻井设施上的装置远程控制台至少采用两种以上驱动方式。

52. 正确

【解析与依据】《海上固定平台安全规则》6.2.3.1 分流器:平台作业者可根据浅层地质情况决定是否配置分流器。

53. 正确

【解析与依据】《海上固定平台安全规则》8.3.5 在起重司机座位附近,应安装红色应急停止开关，当该开关动作时，能使所有制动装置立即动作。应急停止开关应涂以红色，并应标明开关位置的标记和防误操作保护。

三、多项选择题答案与解析

1. A B C D

【解析与依据】《海洋石油安全管理细则》（国家安全生产监督管理总局令〔2009〕第25号）第二十五条　起重作业应当符合下列规定：（一）操作人员持有特种作业人员资格证书，熟悉起重设备的操作规程，并按规程操作；（二）起重设备明确标识安全起重负荷；若为活动吊臂，标识吊臂在不同角度时的安全起重负荷；（三）按规定对起重设备进行维护保养，保证刹车、限位、起重负荷指示、报警等装置齐全、准确、灵活、可靠；（四）起重机及吊物附件按规定定期检验，并记录在起重设备检验簿上。

2. A B C D

【解析与依据】《海洋石油安全管理细则》（国家安全生产监督管理总局令〔2009〕第25号）第四十八条　设施应当制定电气设备检修前后的安全检查、日常运行检查、安全技术检查、定期安全检查等制度，建立健全电气设备的维修操作、电焊操作和手持电动工具操作等安全规程，并严格执行。

3. A B C D

【解析与依据】《海洋石油安全管理细则》（国家安全生产监督管理总局令〔2009〕第25号）第四十七条　作业者或者承包者及直升机所属公司，应当通过协商制订飞行条件与应急飞行、乘机安全、载物安全和飞行故障、飞行事故报告等制度。

4. A B C D

【解析与依据】《海洋石油安全生产规定》（国家安全生产监督管理总局令〔2006〕第4号）第十三条　海洋石油生产设施试生产前，应当经发证检验机构检验合格，取得最终检验证书或者临时检验证书，并制订试生产的安全措施，于试生产前45日报海油安办有关分部备案。海油安办有关分部应对海洋石油生产设施的状况及安全措施的落实情况进行检查。

5. A B C D

【解析与依据】《海洋石油安全生产规定》（国家安全生产监督管理总局令〔2006〕第4号）第二条　在中华人民共和国的内水、领海、毗连区、专属经济区、大陆架以及中华人民共和国管辖的其他海域内的海洋石油开采活动的安全生产，适用本规定。

6. A B C D

【解析与依据】《海洋石油安全生产规定》（国家安全生产监督管理总局令〔2006〕第4号）第二十五条　在海洋石油生产设施的设计、建造、安装以及生产的全过程中，实施发证检验制度。

7. A B C D

【解析与依据】《海洋石油安全生产规定》（国家安全生产监督管理总局令〔2006〕第4号）第三十五条　应急预案应当包括以下主要内容：作业者和承包者的基本情况、危险特性、可利用的应急救援设备；应急组织机构、职责划分、通信联络；应急预案启动、应急响应、信息处理、应急状态中止、后续恢复等处置程序；应急演习与训练。

8. A B C D

【解析与依据】《海洋石油安全生产规定》（国家安全生产监督管理总局令〔2006〕第4号）第三十六条　应急预案应充分考虑作业内容、作业海区的环境条件、作业设施的类型、自救能力和可以获得的外部支援等因素，应能够预防和处置各类突发性事故和可能引发事故的险情，并随实际情况的变化及时修改或者补充。

9. A B C

【解析与依据】《海洋石油安全生产规定》（国家安全生产监督管理总局令〔2006〕第4号）第三十九条　海油安办及其有关分部、有关部门接到重大事故报告后，应当立即赶到事故现场，组织事故抢救、事故调查。

10. A B C D

【解析与依据】《海洋石油安全生产规定》（国家安全生产监督管理总局令〔2006〕第4号）第三十六条　应急预案应充分考虑作业内容、作业海区的环境条件、作业设施的类型、自救能力和可以获得的外部支援等因素，应能够预防和处置各类突发性事故和可能引发事故的险情，并随实际情况的变化及时修改或者补充。事故和险情包括以下情况：井喷失控、火灾与爆炸、平台遇险、飞机或者直升机失事、船舶海损、油（气）生产设施与管线破损/泄漏、有毒有害物质泄漏、放射性物质遗散、潜水作业事故；人员重伤、死亡、失踪及暴发性传染病、中毒；溢油事故、自然灾害以及其他紧急情况等。

11. A B C D

【解析与依据】《海洋石油安全生产规定》（国家安全生产监督管理总局令〔2006〕第4号）第四十五条　本规定下列用语的定义：海洋石油作业设施，是指用于海洋石油作业的海上移动式钻井船（平台）、物探船、铺管船、起重船、固井船、酸化压裂船等设施。

12. A B C D

【解析与依据】《海洋石油安全生产规定》（国家安全生产监督管理总局令〔2006〕第4号）第四十五条　本规定下列用语的定义：海洋石油生产设施，是指以开采海洋石油为目的的海上固定平台、单点系泊、浮式生产储油装置、海底管线、海上输油码头、滩海陆岸、人工岛和陆岸终端等海上和陆岸结构物。

13. A C D

【解析与依据】《海洋石油安全管理细则》（国家安全生产监督管理总局令第 25 号）第四条规定，国家安全生产监督管理总局海洋石油作业安全办公室（以下简称海油安办）对全国海洋石油安全生产工作实施监督管理；海油安办驻中国海洋石油总公司、中国石油化工集团公司、中国石油天然气集团公司分部（以下统称海油安办有关分部）分别负责中国海洋石油总公司、中国石油化工集团公司、中国石油天然气集团公司的海洋石油安全生产的监督管理。

14．A B C D E

【解析与依据】《海洋石油安全管理细则》（国家安全生产监督管理总局令第 25 号）规定，第八十九条　出海人员必须接受"海上石油作业安全救生"的专门培训，并取得培训合格证书。海上石油作业安全救生课程包括海上求生、海上急救、平台（船舶）消防、救生艇筏操纵和直升机遇难水下逃生。

15．A B C D

【解析与依据】《海洋石油企业安全生产许可证申办指南》（中油分部〔2018〕3 号）第十九条规定，企业申请变更安全生产许可证时，应当提交的文件、资料：变更申请书、安全生产许可证正本和副本复印件、变更后的工商营业执照、采矿许可证复印件和变更说明材料。

16．A B C

【解析与依据】《海洋石油安全生产知识和管理能力考核与发证指南》（中油分部〔2018〕3 号）第八条规定，中油分部按照就近方便企业的原则，设置 3 个考试点，分别为：大港考试点、辽河考试点和冀东考试点。

17．A B C D

【解析与依据】《海洋石油安全生产规定》（国家安全生产监督管理总局令〔2006〕第 4 号）第三十三条　承担海洋石油生产设施发证检验、专业设备检测检验、安全评价和安全咨询的中介机构应当具备国家规定的资质。

18．A C D

【解析与依据】《滩海陆岸石油作业安全规程》（SY 6634—2012）5.2.5 在用的滩海陆岸石油设施符合下面条件之一时，应进行专项安全评价。a）当环境条件发生变化，生产设施低于设计标准时；b）发生事故，结构物严重受损需要重建、改建和修复时；c）发生重大安全隐患，提出要求时。

19．A B D

【解析与依据】《滩海陆岸石油作业安全规程》（SY 6634—2012）6.1.2.2 滩海陆岸石油设施设计选用的滩海环境条件的重现期应根据油气田的规模、设施的重要程度和环境资料等因素确定。

20. A B C

【解析与依据】《滩海陆岸石油作业安全规程》(SY 6634—2012) 6.2.6.1 滩海陆岸石油设施上应至少配备以下救生设备：a) 4个救生圈（带30m救生浮索），其中2个带自亮浮灯，2个带自发烟雾信号和自亮浮灯；b) 每人配备工作救生衣，在工作场所配备一定数量的工作救生衣或救生背心，在寒冷海区，每位人员配备1件保温救生服。

21. A B C D

【解析与依据】《滩海陆岸石油作业安全规程》(SY 6634—2012) 6.2.6.2 在滩海陆岸井台上，应设置暂避恶劣天气的应急避难房，应急避难房应至少符合以下要求：a) 能够容纳生产作业人员。b) 结构强度应比滩海陆岸井台高一个等级。c) 地面应高出挡浪墙1.0m。d) 应采取基础稳定、结构可靠的固定式钢筋混凝土结构或用移动式钢结构。e) 配备供避难人员5d所需的救生食品、饮用水。f) 配备急救箱，至少装有2套工作救生衣，防水手电及配套电池，简单的医疗包扎用品和日常药品。g) 配备应急通信装置。

22. A B C D

【解析与依据】《滩海陆岸石油作业安全规程》(SY 6634—2012) 7.1.2 制度 滩海陆岸石油设施的主管单位至少应建立但不限于以下安全管理制度：a) 安全生产责任制；b) 天气预报信息管理制度；c) 安全检查制度；d) 安全会议制度；e) 安全培训教育制度；f) 安全汇报制度；g) 事故管理制度；h) 安全应急程序和演习制度；i) 进入滩海陆岸石油设施的门禁管理制度。

23. A B C D E

【解析与依据】《滩海陆岸石油作业安全规程》(SY 6634—2012) 7.1.3 滩海陆岸石油设施应建立安全管理记录，包括但不限于以下内容：a) 班组安全管理记录；b) 大风或其他灾害性天气、海况等气象记录；c) 所配备的救生设备、属具、安全器材及其检测工具的维修、检查、更换记录；d) 安全生产隐患整改记录；e) 设施受损记录；f) 专业设备管理档案。

24. A B C D E

【解析与依据】《滩海陆岸石油作业安全规程》(SY 6634—2012) 7.1.4 安全标志，滩海陆岸石油设施上应设置以下标志：至少在滩海通井路入口处设置"危险""过水路面""易滑""注意横风""限制速度"等组合式警告标志，"非生产车辆禁止通行"辅助标志或起落式挡车设施。

25. A B C D E

【解析与依据】《滩海陆岸石油作业安全规程》(SY 6634—2012) 7.2.7 遇下列情况之一时，禁止车辆驶入滩海通井路：a) 冰雪路滑；b) 雨、雾、沙尘暴天气，能见度在100m以内；c) 风力≥6级，高潮位距地面≤0.3m；d) 风力<6级，高潮位距地面≤0.2m；e) 风力≥8级；f) 海浪对车辆安全行驶有影响时。

26. A B C D E

【解析与依据】《滩海陆岸石油作业安全规程》(SY 6634—2012) 7.3.1 在结冰水域作业应根据冰情,作业前应制订详细的防范措施,至少应包括以下内容:a) 冰期对作业设施的危害;b) 冰期作业场所的限制条件;c) 冰期生产管理要求,各管理部门和现场作业者岗位职责;d) 冰期作业操作程序;e) 应急措施。

27. A B C D

【解析与依据】《滩海陆岸石油作业安全规程》(SY 6634—2012) 7.3.1 冰期作业,在结冰水域作业应根据冰情,作业前制订详细的防范措施,至少应包括以下内容:a) 冰期对作业设施的危害;b) 冰期作业现场的限制条件;c) 冰期生产管理要求,各管理部门和现场作业者岗位职责;d) 冰期作业操作程序;e) 应急措施。

28. A B D

【解析与依据】《海上固定平台安全规则》2.2.1 设计条件,油(气)田开发工程的主要设计条件:环境条件:用以确定设计环境条件的原始资料必须可靠、连续和有代表性。推算设计环境条件的方法应是公认的。

29. A B C

【解析与依据】《滩海石油人工岛安全规则》(SY/T 6777—2017) 5.1.1 人工岛的选址应满足勘探开发需要,充分考虑冲沟发育区、冲淤严重区、全新世活动性断裂带等影响结构稳定性的因素及航道安全等因素。

30. A B C

【解析与依据】《滩海石油人工岛安全规则》(SY/T 6777—2017) 5.1.2 人工岛的形状应根据风向、流向、流冰方向等因素综合考虑确定,并满足使用功能的要求。

第二章 安全生产管理知识

一、单项选择题答案与解析

1. B

【解析与依据】见《安全标志及其使用导则》（GB 2894—2008）中 4.3.3。

2. A

【解析与依据】见《安全标志及其使用导则》（GB 2894—2008）中 4.3.3。

3. A

【解析与依据】见《安全标志及其使用导则》（GB 2894—2008）中 4.2.3。

4. B

【解析与依据】见《海洋油气生产设施安全标志规范及使用导则》[中海石油（中国）有限公司天津分公司]。

5. A

【解析与依据】见《海洋油气生产设施安全标志规范及使用导则》[中海石油（中国）有限公司天津分公司]。

6. C

【解析与依据】见《海洋油气生产设施安全标志规范及使用导则》[中海石油（中国）有限公司天津分公司]。

7. A

【解析与依据】可造成人员死亡、伤害、职业病、财产损失或其他损失的意外事件称为事故。

8. A

【解析与依据】《生产安全事故报告和调查处理条例》（国务院令〔2007〕第493号）根据生产安全事故（以下简称事故）造成的人员伤亡或者直接经济损失，事故一般分为以下等级：（一）特别重大事故，是指造成30人以上死亡，或者100人以上重伤（包括急性工业中毒），或者1亿元以上直接经济损失的事故；（二）重大事故，是指造成10人以上30人以下死亡，或者50人以上100人以下重伤，或者5000万元以上1亿元以下直接经济损失的事故；（三）较大事故，是指造成3人以上10人以下死亡，或者10人以上50人以下重伤，或者1000万元以上5000万元以下直接经济损失的事故；（四）一般事故，是指造成3人以下死亡，或者10人以下重伤，或者1000万元以下直接经济损失的事故。

9. B

【解析与依据】事故隐患分为一般事故隐患和重大事故隐患。一般事故隐患，是指危害和整改难度较小，发现后能够立即整改排除的隐患。重大事故隐患，是指危害和整改难度较大，应当全部或者局部停产停业，并经过一定时间整改治理方能排除的隐患，或者因外部因素影响致使生产经营单位自身难以排除的隐患。

10. B

【解析与依据】目前进行事故调查处理应坚持实事求是、尊重科学、四不放过、公正公开和分级管辖的原则。

11. B

【解析与依据】《生产安全事故报告和调查处理条例》（国务院令〔2007〕第 493 号）规定：造成人员伤亡或者直接损失事故一般分为 4 等级：特别重大事故、重大事故、较大事故和一般事故。

12. A

【解析与依据】呼吸道是人体摄入生产性毒物的最主要、最危险的途径。

13. B

【解析与依据】采用无毒、低毒物质代替高毒、剧毒物质是从根本上解决毒物危害的首选办法。

14. C

【解析与依据】职业安全健康管理体系中计划与实施的内容有：运行控制、应急预案与响应、初始评审。

15. A

【解析与依据】劳动者离开用人单位时，有权索取本人职业健康监护档案原件，用人单位应当如实、无偿提供，并签章。

16. C

【解析与依据】根据《中华人民共和国安全生产法》第五十三条规定：因生产安全事故受到损害的从业人员，除依法享有工伤保险外，依照有关民事法律尚有获得赔偿的权利的，有权向本单位提出赔偿要求。

二、判断题答案与解析

1. 正确

【解析与依据】法律、法规和其他要求是生产经营单位评审和修订目标与管理方案的依据。

2. 正确

【解析与依据】安全生产方针应向关注组织的安全行为或受其安全行为影响的个人或团体进行传递。

3. 正确

【解析与依据】根据《中华人民共和国安全生产法》第二十条规定：生产经营单位应当具备的安全生产条件所必需的资金投入，由生产经营单位的决策机构、主要负责人或者个人经营的投资人予以保证，并对由于安全生产所必需的资金投入不足导致的后果承担责任。

4. 正确

【解析与依据】专业性安全检查表、厂级安全检查表、车间用安全检查表均属于安全检查表常用类型。

5. 错误

【解析与依据】安全生产管理机构指的是生产经营单位中专门负责安全生产监督管理的内设机构，其工作人员都是专职安全生产管理人员。

6. 错误

【解析与依据】员工有权拒绝存在安健环隐患的工作，经评估工作现场和条件满足安健环要求，员工不可拒绝返回工作。

7. 正确

【解析与依据】企业的相关方包括：供应商、承包商、客户或消费者、股东或投资者等。

8. 错误

【解析与依据】我国工伤保险基金实行社会统筹，由生产经营单位为职工缴纳。

9. 正确

【解析与依据】事故原因未查明不放过，责任人未处理不放过，整改措施未落实不放过，有关人员未受到教育不放过。

10. 错误

【解析与依据】企业虽然开展了作业风险评估，但员工在进行电气操作前，必须进行操作前的风险分析。

11. 正确

【解析与依据】安全生产是关系到生产经营单位全员、全方位、全过程的大事，生产经营单位必须建立安全生产责任制，把"安全生产，人人有责"从制度上固定下来。

12. 正确

【解析与依据】从业人员通过安全教育培训，掌握了岗位操作规程，但因未遵守操作规程而造成事故，则该行为人应负直接责任。

13. 错误

【解析与依据】根据《劳动防护用品监督管理规定》（国家安全生产监督管理总局令〔2005〕第1号），按照劳动防护用品的防护性能，将劳动防护用品分为一般劳动防护用品、特种劳动防护用品两大类。

14. 错误

【解析与依据】股份制企业合资企业等安全生产投入资金由董事会予以保证。

15. 正确

【解析与依据】在工业生产中,要严格执行各种票证,没有作业许可票不得进行危险作业。

16. 正确

【解析与依据】用火管理中,企业规定一张火票仅限一处动火。

17. 错误

【解析与依据】采样分析合格的容器内作业,必须安排监护人员,单独作业是允许的。

18. 正确

【解析与依据】在厂区内动土,必须提前一天申请办理动土票。

19. 错误

【解析与依据】营救触电人员时,救护人员不可直接用手、但可用干燥绝缘的工具作为救护工具。

20. 正确

【解析与依据】根据《海洋石油安全生产规定》(国家安全生产监督管理总局令〔2006〕第4号)第二十二条规定:作业者和承包者应当建立守护船值班制度,在海洋石油生产设施和移动式钻井船(平台)周围应备有守护船值班。无人值守的生产设施和陆岸结构物除外。

21. 正确

【解析与依据】常用的安全评价方法包括:安全检查表法、故障假设分析法、危险与可操作性研究、定量分析评价法、预先危险性分析法、危险指数评价法、故障树分析法和作业条件危险性评价法等。

22. 正确

【解析与依据】在国家与行政管理部门之间,实行的综合监管和行业监管,国务院安全生产委员会负责全面统筹协调安全生产工作。

23. 正确

【解析与依据】在《中华人民共和国安全生产法》中,将"安全第一、预防为主"规定为我国安全生产工作的基本方针。在十六届五中全会上,又提出了"安全第一,预防为主,综合治理"的安全生产方针。

24. 正确

【解析与依据】要求用人单位组织接触职业病危害因素的劳动者进行上岗前的职业健康检查,不得安排未经上岗前职业健康检查的劳动者从事接触性职业病危害因素的作业。

25. 正确

【解析与依据】高温作业（work in hot environment）是指有高气温、或有强烈的热辐射、或伴有高气湿（相对湿度≥80%RH）相结合的异常作业条件、湿球黑球温度指数（WBGT指数）超过规定限值的作业。包括高温天气作业和工作场所高温作业。

26. 错误

【解析与依据】应该由企业的主要负责人签发。

27. 正确

【解析与依据】调整工作岗位和离岗后重新上岗的安全教育培训工作，原则上由车间级组织。

28. 正确

【解析与依据】《中华人民共和国劳动法（2018修正）》第九十三条规定：用人单位强令劳动者违章冒险作业，发生重大伤亡事故，造成严重后果的，对责任人员依法追究刑事责任。

29. 错误

【解析与依据】事故发生后，单位负责人应于1h内向安全生产监督管理部门报告。

30. 正确

【解析与依据】根据《生产安全事故报告和调查处理条例》（国务院第〔2007〕493号），对事故发生单位主要负责人处上一年年收入40%～80%的罚款的情形有不立即组织事故抢险、迟报或者漏报事故、在事故调查处理期间擅离职守。

31. 正确

【解析与依据】根据《劳动防护用品监督管理规定》（国家安全生产监督管理总局令〔2005〕第1号）的有关规定，劳动防护用品生产企业所生产的特种劳动防护用品，必须取得特种劳动防护用品安全标志，否则不得生产和销售。

32. 正确

【解析与依据】特种作业人员的安全技术考核，应以实际操作技能考核为主。

33. 错误

【解析与依据】在生产经营单位的安全生产工作中，最基本的安全管理制度是安全生产责任制。

34. 正确

【解析与依据】班组是最基本的安全生产单位，班组长是这个基层的领导者，所以班组长是安全生产法律法规和规章制度的直接执行者，每个岗位的职工要对自己本岗位的安全生产工作负直接责任。

35. 正确

【解析与依据】班组安全生产是搞好安全生产工作的关键，班组长全面负责本班组的安全生产，是安全生产法律、法规和规章制度的直接执行者。

36. 错误

【解析与依据】企业作为生产单位的主体，对本单位的安全生产负主要责任。

37. 正确

【解析与依据】风险的严重程度是不一样的，因此采取的措施也就各不相同，对风险进行分级，有助于安全措施的制订。

38. 正确

【解析与依据】"三不伤害"是指：不伤害自己、不伤害他人、不被他人伤害。

39. 错误

【解析与依据】疏散和救援不属于为防止事故发生而采用的安全技术措施。

40. 正确

【解析与依据】根据《中华人民共和国安全生产法》第一百一十二条规定：重大危险源，是指长期地或者临时地生产、搬运、使用或者储存危险物品，且危险物品的数量等于或者超过临界量的单元（包括场所和设施）。

41. 错误

【解析与依据】风险管理的主要内容包括危险源辨识、风险评价、危险预警与监测、事故预防、风险控制及应急管理。

42. 错误

【解析与依据】根据《中华人民共和国安全生产法》第九十八条规定：生产经营单位进行爆破、吊装以及国务院安全生产监督管理部门会同国务院有关部门规定的其他危险作业，应当安排专门人员进行现场安全管理，确保操作规程的遵守和安全措施的落实。

43. 错误

【解析与依据】生产经营单位在破产或关闭前，必须排除重大危险源。

44. 错误

【解析与依据】生产经营单位里发生的生产安全事故的原因是多方面的，但主要是"人的因素"。

45. 正确

【解析与依据】事故隐患是指作业场所、设备及设施的不安全状态，人的不安全行为和管理上的缺陷，是引发安全事故的直接原因。危险源是导致事故发生的根源，是具有可能意外释放的能量或危险有害物质的生产装置、设施或场所。重大危险源是指长期地或者临时地生产、搬运、使用或者储存危险物品，且危险物品的数量超过或等于临界量的单元（包括场所和设施）。

46. 错误

【解析与依据】内部环境不属于人的可靠性指标。

47. 正确

【解析与依据】在管理中必须把人的因素放在首位，体现以人为本的指导思想，这是人本原理。

48. 错误

【解析与依据】红色表示：禁止、停止、也表示防火；蓝色表示：指令或必须遵守的规定；黄色表示：警告、注意；绿色表示：指示、安全状态、通行。

49. 错误

【解析与依据】从长远观点来看，低成本、高效率的预防措施是减少事故损失的关键。

50. 正确

【解析与依据】高处作业过程中，高处坠落和物体打击事故最多，是安全防护工作的重点。

51. 错误

【解析与依据】漏电保护装置主要用于防止人身触电事故。

52. 正确

【解析与依据】事故调查一般属于计划外应急性调查。

53. 正确

【解析与依据】根据《中华人民共和国职业病防治法》第七十八条规定：用人单位违反本法规定，造成重大职业病危害事故或者其他严重后果，构成犯罪的，对直接负责的主管人员和其他直接责任人员，依法追究刑事责任。

54. 错误

【解析与依据】发生电气设备火灾，如果附近没有灭火器，不可以用水扑救。

55. 正确

【解析与依据】"机械设备带病运转""使用安全装置失灵"往往都是导致事故发生的管理因素。

56. 错误

【解析与依据】需要绘制现场简图及做出书面记录。

57. 错误

【解析与依据】因事故导致产值减少、资源破坏和受事故影响而造成其他损失的价值称为直接经济损失。

58. 错误

【解析与依据】通用机械的急停装置不可以用来代替安全防护措施和其他安全功能。

59. 错误

【解析与依据】大量事故统计表明，工艺设备故障、人的误操作、安全管理上的缺陷是引发事故发生的三大原因。

60. 错误

【解析与依据】根据《生产安全事故报告和调查处理条例》（国务院令〔2007〕第493号）规定：生产安全事故调查报告报送负责事故调查的人民政府批准后，事故调查工作即告结束。

61. 正确

【解析与依据】有关机关应当按照对事故调查报告的批复，依照法律、行政法规规定的权限和程序，对事故发生单位进行行政处罚。

62. 正确

【解析与依据】防止特大事故的第一步是以重大危险源辨识标准为依据，确认或辨识重大危险源。

63. 正确

【解析与依据】从业人员发现直接危及人身安全的紧急情况时，有权停止作业或者在采取可能的应急措施后撤离作业场所。

64. 错误

【解析与依据】根据《生产安全事故报告和调查处理条例》（国务院令〔2007〕第493号）第三条规定：特别重大事故，是指造成30人以上死亡，或者100人以上重伤（包括急性工业中毒），或者1亿元以上直接经济损失的事故。

65. 错误

【解析与依据】根据《生产安全事故报告和调查处理条例》（国务院令〔2007〕第493号）规定：事故发生单位主要负责人受到刑事处罚或者撤职处分的，自刑罚执行完毕或者受处分之日起5年内不得担任任何生产经营单位的主要负责人。

66. 错误

【解析与依据】工会依法参加事故调查处理，有权向有关部门提出处理意见。事故调查处理是安全生产的重要环节，工会参加事故调查处理，是其法定权利，《中华人民共和国安全生产法》《中华人民共和国工会法》等法律对此都作了规定。

67. 正确

【解析与依据】事故发生单位的负责人和有关人员在事故调查期间不得擅离职守，并应当随时接受事故调查组的询问。事故调查中需要进行技术鉴定的，事故调查组应当委托具有国家规定资质的单位进行技术鉴定。

68. 错误

【解析与依据】根据《生产安全事故报告和调查处理条例》（国务院令〔2007〕第493号）第三十五条规定：事故发生单位主要负责人有下列行为之一的，处上一年年收入40%～80%的罚款；属于国家工作人员的，并依法给予处分；构成犯罪的，依法追究刑事责任：（一）不立即组织事故抢救的；（二）迟报或者漏报事故的；（三）在事故调查处理期间擅离职守的。

69. 错误

【解析与依据】操作体位不良不属于劳动过程有关的职业病危害因素。

70. 错误

【解析与依据】建设项目"三同时"管理不属于一般安全监察基本内容。

71. 正确

【解析与依据】对接触有害作业的新工人,上岗前应开展就业前健康检查。

72. 正确

【解析与依据】职业健康风险评估的结果可应用于制订职业卫生监测计划。

73. 正确

【解析与依据】职业健康系统单元共包括职业健康管理、急救设施及药品控制管理2个要素。

74. 错误

【解析与依据】企业应建立员工的健康档案。

75. 正确

【解析与依据】职业健康检查和监测记录属于安全生产风险管理体系运行数据与记录。

76. 正确

【解析与依据】按体系要求,以下职位应由最高管理者进行书面任命:安全区代表、内部审核员、事故/事件调查员、专职医生、职业卫生员、专职护士。

77. 正确

【解析与依据】劳动保护的对象首先是保护从事生产的劳动者。

78. 正确

【解析与依据】有害因素是指能影响人的身体健康、导致疾病或对物造成慢性损害的因素。

79. 正确

【解析与依据】职业危害度评价所需要的基础资料可归纳为三个方面,即:毒理学资料、流行病学资料、接触水平资料。

80. 错误

【解析与依据】根据《中华人民共和国职业病防治法》第十七条规定:医疗机构建设项目可能产生放射性职业病危害的,建设单位应当向卫生行政部门提交放射性职业病危害预评价报告。卫生行政部门应当自收到预评价报告之日起三十日内,作出审核决定并书面通知建设单位。未提交预评价报告或者预评价报告未经卫生行政部门审核同意的,不得开工建设。

三、多项选择题答案与解析

1. A B C

【解析与依据】三级安全教育是指新入厂职员和工人的厂级安全教育、车间级安全教育和岗位（工段、班组）安全教育，是厂矿企业安全生产教育制度的基本形式。三级安全教育制度是企业安全教育的基本教育制度。企业必须对新工人进行安全生产的入厂教育、车间教育、班组教育。

2. A B C

【解析与依据】生产经营单位应当向从业人员如实告知作业场所和工作岗位存在的危险因素、防范措施以及事故应急措施。

3. A B C D

【解析与依据】四不放过是指事故原因未查清不放过、责任人员未处理不放过、整改措施未落实不放过、有关人员未受到教育不放过。

4. A B C D E

【解析与依据】安全生产"五要素"是指安全文化、安全法制、安全责任、安全科技和安全投入。

5. A B C D

【解析与依据】3E原则：造成人的不安全行为和物的不安全状态的原因可归结为四个方面：技术原因、教育原因、身体和态度原因以及管理原因。针对这四个方面原因，可采取3种防止对策，即：工程技术对策（Engineering）、教育对策（Education）和法制对策（Enforcement）。

6. A B C

【解析与依据】3E原则：造成人的不安全行为和物的不安全状态的原因可归结为四个方面：技术原因、教育原因、身体和态度原因以及管理原因。针对这四个方面原因，可采取3种防止对策，即工程技术对策（Engineering）、教育对策（Education）和法制对策（Enforcement）。

7. A B C

【解析与依据】电路中的保险丝、锅炉的熔栓、安全阀等。它们在危险情况出现之前就发生破坏，从而释放或阻断能量，以保证整个系统的安全性是工程技术对策中的薄弱环节。

8. A B C D

【解析与依据】生产经营单位对重大危险源应当登记建档，进行定期检测、评估、监控，并制订应急预案。

9. A B C D

【解析与依据】红色表示禁止、停止、也表示防火；蓝色表示指令或必须遵守的规定；黄色表示警告、注意；绿色表示指示、安全状态、通行。

10. A B C

【解析与依据】"三不伤害"是指不伤害自己、不伤害他人、不被他人伤害。

11. A B C D

【解析与依据】从安全生产角度，危险源是指可能造成人员伤害、疾病、财产损失、作业环境破坏或其他损失的根源或状态。

12. A B C

【解析与依据】按一次职业病危害事故所造成的危害严重程度，职业病危害事故中的特大事故是指：发生急性职业病50人以上或者死亡5人以上，或者发生职业性炭疽5人以上的。

13. A B C

【解析与依据】根据《生产安全事故报告和调查处理条例》（国务院令〔2007〕第493号）第三条规定：根据生产安全事故造成的人员伤亡或者直接经济损失，事故一般分为以下等级：（一）特别重大事故，是指造成30人以上死亡，或者100人以上重伤（包括急性工业中毒），或者1亿元以上直接经济损失的事故；（二）重大事故，是指造成10人以上30人以下死亡，或者50人以上100人以下重伤，或者5000万元以上1亿元以下直接经济损失的事故；（三）较大事故，是指造成3人以上10人以下死亡，或者10人以上50人以下重伤，或者1000万元以上5000万元以下直接经济损失的事故；（四）一般事故，是指造成3人以下死亡，或者10人以下重伤，或者1000万元以下直接经济损失的事故。

14. A B C

【解析与依据】根据《生产安全事故报告和调查处理条例》（国务院令〔2007〕第493号）第三条规定：根据生产安全事故造成的人员伤亡或者直接经济损失，事故一般分为以下等级：（一）特别重大事故，是指造成30人以上死亡，或者100人以上重伤（包括急性工业中毒），或者1亿元以上直接经济损失的事故；（二）重大事故，是指造成10人以上30人以下死亡，或者50人以上100人以下重伤，或者5000万元以上1亿元以下直接经济损失的事故；（三）较大事故，是指造成3人以上10人以下死亡，或者10人以上50人以下重伤，或者1000万元以上5000万元以下直接经济损失的事故；（四）一般事故，是指造成3人以下死亡，或者10人以下重伤，或者1000万元以下直接经济损失的事故。

15. A B C

【解析与依据】事故隐患按照其可能造成的事故性质和危害程度共分三类：一般性事故隐患、重大事故隐患、特别重大事故隐患。

16. A B C D

【解析与依据】目前进行事故调查处理应坚持实事求是、尊重科学、四不放过、公正公开和分级管辖的原则。

第三章 安全生产技术

一、单项选择题答案与解析

1. C

【解析与依据】《高处作业分级》（GB/T 3608—2008）高处作业：在距坠落高度基准面 2m 或 2m 以上有可能坠落的高处进行的作业。

2. B

【解析与依据】逃生门规范要求：一、门应向疏散方向开启。二、疏散用的门不应采用吊门、水平推拉门，严禁采用旋转门。三、疏散门开启时，门扇不应影响疏散走道和平台的宽度。四、人员密集的公共场所，如观众厅的入场门、太平门不应设门槛，紧靠门口 1.4m 内不应设置踏步。疏散门严禁上锁。太平门宜装置自动门闩，保证内部人员随时可以推动把手或依靠人力把门开启。

3. C

【解析与依据】《液化石油气钢瓶》（GB/T 5842—2006）附录 C 钢瓶安全使用提示：瓶阀出口螺纹为左旋，安装调压器时，应检查调压器上的密封圈是否完好无损，调压器拧紧后，应用肥皂水检查调压器与瓶阀连接处，不得漏气。

4. B

【解析与依据】阻火器的灭火原理是当火焰通过狭小孔隙时，由于冷却作用使热损失突然增大而中止燃烧。影响阻火器性能的因素为阻火层厚度及其孔隙或通道的大小。

5. C

【解析与依据】设备内作业安全要点：（1）设备内作业必须办理"设备内安全作业证"，并要严格履行审批手续。（2）进入设备内作业前，必须将该设备与其他设备进行安全隔离（加盲板或拆除一段管线，不允许采用其他方法代替），并清洗、置换干净。在进入设备前 30min 必须取样分析，严格控制可燃气体、有毒气体浓度及氧含量在安全指标范围内，分析合格后才允许进入设备内作业。

6. C

【解析与依据】《海洋石油安全管理细则》（国家安全生产监督管理总局令〔2009〕第 25 号）第三十一条　滩海陆岸应急避难房应当符合下列规定：能够容纳全部生产作业人员。

7. C

【解析与依据】《挖掘作业安全管理规范》（Q/SY 1247—2009）5.2.7 挖出物或其他物料至少应距坑、沟槽边沿 1m，堆积高度不得超过 1.5m，坡度不大于 45°，不得堵塞下水道、窨井以及作业现场的逃生通道和消防通道。

8. A

【解析与依据】《中国石油天然气集团公司安全生产和环境保护责任制管理办法》（中油安〔2014〕13 号）规定，各级领导和管理人员应当按照"一岗双责"的原则，建立安全环保责任制。

9. A

【解析与依据】《中国石油天然气股份公司生产安全事故管理办法》（中油质安〔2018〕239 号）第十二条规定：较大及以上生产安全事故以及需要升级管理的事故，由地区公司在事故发生后 30min 之内，向股份公司总裁办公室电话报告，1h 内以事故快报书面报告，同时抄报质量安全环保部、企业文化部、专业公司；股份公司总裁办公室接到地区公司事故报告后，应当向股份公司相关领导报告，并按规定向党中央、国务院有关部委报告。

10. C

【解析与依据】《生产经营单位安全培训规定》（国家安全生产监督管理总局令〔2015〕第 80 号）第九条生产经营单位主要负责人和安全生产管理人员初次安全培训时间不得少于 32 学时。每年再培训时间不得少于 12 学时。煤矿、非煤矿山、危险化学品、烟花爆竹、金属冶炼等生产经营单位主要负责人和安全生产管理人员初次安全培训时间不得少于 48 学时，每年再培训时间不得少于 16 学时。

11. B

【解析与依据】事故隐患是指作业场所、设备及设施的不安全状态，人的不安全行为和管理上的缺陷，是引发安全事故的直接原因。

12. B

【解析与依据】事故隐患是指作业场所、设备及设施的不安全状态，人的不安全行为和管理上的缺陷，是引发安全事故的直接原因。

13. C

【解析与依据】"安全第一、预防为主、综合治理"是开展安全生产管理工作总的指导方针，是长期实践的经验总结。

14. C

【解析与依据】安全生产是指为了使生产过程在符合安全要求的物质条件和工作秩序下进行，防止发生人身伤亡和财产损失等生产事故，消除或控制危险、有害因素，保障人身安全与健康、设备和设施免受损坏、环境免遭破坏而采取的各种措施和从事的一切活动。

15. C

【解析与依据】根据影响类型，突发事件可分为自然灾害、事故灾难、公共卫生事件、社会安全事件等四类。根据危害程度，突发事件可分为特别重大、重大、较大和一般四级。突发事件预警级别：一般依据突发事件可能造成的危害程度、波及范围、影响力大小、人员及财产损失等情况，由高到低划分为特别重大（Ⅰ级）、重大（Ⅱ级）、较大（Ⅲ级）、一般（Ⅳ级）四个级别，并依次采用红色、橙色、黄色、蓝色来加以表示。

16. A

【解析与依据】石油工业是一个高风险的产业体系。石油工业生产涉及的行业和职业范围广，生产环境条件苛刻，过程连续性强，原料及产品多为易燃易爆、有毒有害有腐蚀的物质。

17. C

【解析与依据】为了防止事故，用人单位和工人本身两方面，应当参与事故预防工作和担当责任。

18. C

【解析与依据】存放易燃易爆等特殊物品的专用库房，室内一般不设置照明灯具和开关。特殊情况需要时，照明灯具和开关应防爆，开关设置在库房外部，并经常检查是否完好。

19. B

【解析与依据】烟雾中毒窒息死亡，这是火灾致死的首要原因。因为大火烟雾中含有大量一氧化碳，吸入后立即与血红蛋白结合成为碳氧血红蛋白。当人体血液中含有10%的碳氧血红蛋白时，就会发生中毒，占50%时就会窒息死亡。

20. B

【解析与依据】如果因电器引起火灾，在许可的情况下，首先应关闭电源开关，切断电源；用细土、沙土及灭火器进行灭火。

21. C

【解析与依据】泡沫灭火器可用来扑灭A类火灾，如木材、棉布等固体物质燃烧引起的失火；最适宜扑救B类火灾，如汽油、柴油等液体火灾；不能扑救水溶性可燃、易燃液体的火灾（如：醇、酯、醚、酮等有机溶剂）、C类、D类和E类（带电设备）火灾。

22. C

【解析与依据】高压细水雾灭火系统是水灭火系统的一种新技术，高压细水雾灭火系统又称超细水雾灭火系统、高压水喷雾自动消防系统、细水雾灭火系统等，它是由高压水通过特殊喷嘴产生的细水雾来灭火的自动消防给水系统。该系统具有压力高、水雾微粒超细的特点，它有别于水喷雾灭火系统。

23. C

【解析与依据】爆炸极限影响因素：混合系的组分不同，爆炸极限也不同。同一混合系，由于初始温度、系统压力、惰性介质含量、混合系存在空间及器壁材质以及点火能量的大小等的都能使爆炸极限发生变化。气体爆炸的爆炸极限的影响因素：（1）火源能量。引燃混气的火源能量越大，可燃混气的爆炸极限范围越宽。（2）初始压力。混气初始压力增加，爆炸范围增大（特例：干燥的一氧化碳，压力上升，其爆炸极限范围缩小）。（3）初始温度。混气初始温度越高，爆炸极限范围越大。（4）惰性气体。可燃混气中加入惰性气体，会使爆炸极限范围变小。

24. A

【解析与依据】水基灭火器使用方法：将水基灭火器的保险栓拔出，下压把手，对准火源根部进行喷射。

25. C

【解析与依据】限制火灾爆炸蔓延扩散的措施包括：分区隔离、配置消防器材、设置安全阻火装置、防爆泄压装置及防火防爆分隔。

26. C

【解析与依据】磷酸铵盐干粉（ＡＢＣ干粉）灭火器是一种新型干粉灭火器，采用最新全硅化防潮工艺。磷酸铵盐干粉灭火器特点：（1）适用性广，它可以扑救Ａ、Ｂ、Ｃ类和电气设备火灾。（2）低毒性，其毒性仅次于清水灭火器和泡沫灭火器。（3）腐蚀性小，仅次于气体灭火器。（4）灭火性能好，操作简便。（5）价格适中。

27. B

【解析与依据】所有金属设备、装置外壳，金属管道、支架、构件、部件等，一般应采用静电直接接地；不便或工艺不允许直接接地的，可通过导静电材料或制品间接接地。静电直接接地电阻不大于 100Ω，间接接地电阻不大于 $10^7\Omega$。

28. A

【解析与依据】火灾报警控制器大体可以分为区域报警控制器和中央报警控制器两种。某一相对独立的建筑物或建筑群可设一台中央报警控制器，每台中央报警控制器可管理若干个区域报警控制器。每个区域报警控制器则用于监控一个报警控制区域，这一监控区域不宜超过一个防火分区，一个防火分区往往又分为几个火灾探测分区；一个区域控制器一般控制几十个探测器。当探测到的信号超过某一预设定的阈值，即认为发生了火灾，然后将火灾信号转换为可看见或可听到的光声信号，向人们发出火灾警告。

29. C

【解析与依据】《海洋石油安全管理细则》（国家安全生产监督管理总局令〔2009〕第25号）规定：按照设施不同区域的危险性，划分三个等级的危险区：0类危险区，是指在正常操作条件下，连续出现达到引燃或者爆炸浓度的可燃性气体或者蒸气的区域。

30. A

【解析与依据】《海洋石油安全管理细则》（国家安全生产监督管理总局令〔2009〕第25号）第二十二条　设施配备的救生艇、救助艇、救生筏、救生圈、救生衣、保温救生服及属具等救生设备，应当符合《国际海上人命安全公约》的规定，并经海油安办认可的发证检验机构检验合格。海上石油设施配备救生设备的数量应当满足下列要求：配备的刚性全封闭机动耐火救生艇能够容纳自升式和固定式设施上的总人数，或者浮式设施上总人数的200%。无人驻守设施可以不配备刚性全封闭机动耐火救生艇。在设施建造、安装或者停产检修期间，通过风险分析，可以用救生筏代替救生艇；海上石油设施配备救生设备的数量，配备的刚性全封闭机动耐火救生艇能够容纳自升式和固定式设施上的总人数，或者浮式设施上总人数的200%。

31. A

【解析与依据】《中国石油天然气集团公司动火作业安全管理办法》（安全〔2014〕86号）附录：动火作业等级划分：油气与勘探系统动火作业等级划分（1）一级动火作业① 原油储量在10000m³以上（含10000m³）的油库、联合站，围墙以内爆炸危险范围内的在用油气管线及容器本体动火。② 在用容量大于5000m³（含5000m³，包括原油罐、污油罐、含油污水罐、含天然气水罐等）的容器本体及附件动火。③ 在用天然气气柜和容量大于400m³（含400m³）的石油液化气储罐动火。④ 在用容量大于1000m³（含1000m³）的成品油罐和轻烃储罐动火。⑤ 直径大于426mm（含426mm）的集输气管线、在输油（气）干线上停输动火或带压不停输更换管线设备动火。⑥ 在用天然气净化装置、集输站及场内的加热炉、溶剂塔、分离器罐、换热设备动火。⑦ 在用天然气压缩机厂房、流量计间、阀组间、仪表间、天然气管道的管件和仪表处动火。⑧ 天然气井井口无控制部分动火。

32. C

【解析与依据】《火灾自动报警系统设计规范》（GB 50116—1998）火灾自动报警系统的基本形式有三种，即：区域报警系统、集中报警系统和控制中心报警系统。

33. B

【解析与依据】《中国石油天然气集团公司动火作业安全管理办法》（安全〔2014〕86号）第二十一条动火作业实行动火作业许可管理，应当办理动火作业许可证，未办理动火作业许可证严禁动火。附录：炼油与化工系统动火作业等级划分：（3）二级动火作业③ 在生产厂区内，不属于一级动火和特级动火的其他临时动火。

34. A

【解析与依据】《中华人民共和国消防法》第五十一条 消防救援机构有权根据需要封闭火灾现场，负责调查火灾原因，统计火灾损失。

35. C

【解析与依据】《危险化学品的危险有害因素》3.1.2 中毒。易燃液体本身或其蒸气大多具有毒害性，有的还有刺激性、麻痹性和腐蚀性。如果发生泄漏或其他方式接触，有毒物质通过人体的呼吸道、消化道、皮肤等途径进入人体内，会造成人身急性中毒，如果长期接触可引起慢性疾病，同时其燃烧后产生有毒气体。

36. C

【解析与依据】有机过氧化物的废弃处理可采用焚烧、水解、深层掩埋等方法。

37. A

【解析与依据】《硫化氢防护培训教材》硫化氢是无色、剧毒、酸性气体。有一种特殊的臭鸡蛋味，嗅觉阈值：0.00041ppm，即使是低浓度的硫化氢，也会损伤人的嗅觉。浓度高时反而没有气味（因为高浓度的硫化氢可以麻痹嗅觉神经）。用鼻子作为检测这种气体的手段是致命的。

38. A

【解析与依据】《危险化学品安全管理条例》（国务院令〔2013〕第645号）第二条危险化学品生产、储存、使用、经营和运输的安全管理，适用本条例。

39. A

【解析与依据】《机械电气安全生产技术》（二）机械设计本质安全及安全装置（2）机器的安装装置设计④ 自动安全装置。自动安全装置的机制是，把暴露在危险中的人体从危险区域中移开。它仅能使用在有足够的时间来完成这样的动作而不会导致伤害的环境下，因此，仅限于在低速运动的机器上采用。⑤ 隔离安全装置　隔离安全装置是一种阻止身体的任何部分靠近危险区域的设施，例如固定的栅栏等。

40. C

【解析与依据】绝缘、屏护和间距是直接接触电击的基本防护措施。其主要作用是防止人体触及或过分接近带电体造成触电事故以及防止短路、故障接地等电气事故。

41. B

【解析与依据】TN系统（保护接零），TN系统相当于传统的保护接零系统。TN系统中的字母N表示电气设备在正常情况下不带电的金属部分与配电网中性点之间，亦即与保护零线之间紧密连接。

42. B

【解析与依据】计算机房、自动化仪表控制室、独立仓库、电信电报机房、卫星地面站等应当设置局部联动自动报警灭火系统。

43. B

【解析与依据】保护接零：把电工设备的金属外壳和电网的零线可靠连接，以保护人身安全的一种用电安全措施。

44. B

【解析与依据】爆炸现象特征：（1）爆炸过程进行得很快；（2）爆炸点附近压力急剧升高，多数爆炸伴有温度升高；（3）周围介质在压力作用下产生振动或受到机械破坏；（4）由于介质振动而产生音响。其中，压力急剧升高是爆炸现象的最主要特征。

45. A

【解析与依据】《压力容器安全技术监察规程》第3条本规程不适用于下列压力容器：正常运行最高工作压力小于 0.1MPa 的压力容器（包括在进料或料过程中需要瞬时承受压力大于或等于 0.1MPa 的压力容器，不包括消毒、冷却等工艺过程中需要短时承受压力大于或等于 0.1MPa 的压力容器）。

46. A

【解析与依据】《蒸汽锅炉安全技术监察规程》（劳部发〔1996〕276号）第2条本规程适用于承压的以水为介质的固定式蒸汽锅炉及锅炉范围内管道的设计、制造、安装、使用、检验、修理和改造。

47. B

【解析与依据】《压力容器类别及压力等级、品种的划分》A2 压力等级划分。压力容器的设计压力划分为低压、中压、高压和超高压四个压力等级：（1）低压（代号L）$0.1\text{MPa} \leqslant p < 1.6\text{MPa}$；（2）中压（代号M）$1.6\text{MPa} \leqslant p < 10.0\text{MPa}$；（3）高压（代号H）$10.0\text{MPa} \leqslant p < 100.0\text{MPa}$；（4）超高压（代号U）$p \geqslant 100.0\text{MPa}$。

48. B

【解析与依据】《起重工安全操作规程》12. 在起重物件就位固定前，不得离开工作岗位，不准在索具受力或吊物悬空的情况下中断工作。

49. C

【解析与依据】人体对电流的反应：8～10mA 手摆脱电极已感到困难，有剧痛感（手指关节）。20～25mA 手迅速麻痹，不能自动摆脱电极，呼吸困难。50～80mA 呼吸困难，心房开始震颤。90～100mA 呼吸麻痹，三秒钟后心脏开始麻痹，停止跳动。当人体通过 20mA 的电流，就会引起剧痛和呼吸困难。通过 50mA 的电流就有生命危险；通过 100mA 以上的电流，就能引起心脏麻痹、心房停止跳动，直至死亡。

50. A

【解析与依据】《建筑灭火器配置设计规范》（GB 50140—2005）4.2.5E 类火灾场所应选择磷酸铵盐干粉灭火器、碳酸氢钠干粉灭火器、卤代烷灭火器或二氧化碳灭火器，但不得选用装有金属喇叭喷筒的二氧化碳灭火器。四氯化碳不导电，因此可用于 10kV 以下电气设备的灭火，但四氯化碳是有毒的，当吸入空气中含有较多的四氯化碳时会有生命危险，因此使用时要在上风侧或较高的地方，如果在室内空气不流通的地方使用四氯化碳灭火时戴防毒面具或用湿毛巾把鼻孔和嘴堵上。带电火灾不能用喷射水流扑救，因为平时日用生活中的水含有杂质离子，具有弱导电性的，用喷射水流扑灭带电设备的火灾，将威胁人身安全。泡沫灭火器不可用于扑灭带电设备的火灾的，由于泡沫灭火器喷出的泡沫中含有大量水分，用普通泡沫灭火器扑灭带电设备的火灾，将威胁人身安全。

51. C

【解析与依据】很多电子设备都有个额定电流，不允许超过额定电流，不然会烧坏设备。所以这些设备就做了电流保护模块，当电流超过设定电流时候，设备自动断电，以保护设备，这就是过流保护。

52. A

【解析与依据】阀型避雷器是电力系统变配电装置防雷保护中常用的防雷保护装置，阀型避雷器由串联的火花间隙、串联的阀片电阻和1个瓷套以及上下端螺栓组成。火花间隙能在遇到过电压时被击穿放电，在正常运行的工频电压下起着将电源与阀型电阻相互隔断的作用。

53. B

【解析与依据】为了保证在故障条件下形成故障电流回路，从而提供自动切断条件，保护导体在使用中是不允许中断的。

54. B

【解析与依据】在电气设备绝缘保护中，符号"回"是双重绝缘的辅助标记。

55. B

【解析与依据】《液体石油产品静电安全规程》（GB 13348—1992）4.3 采用静电消除器。4.3.1 为减少液体石油产品的静电，应采取液体静电消除器。4.3.2 静电消除器应装设在尽量靠近管道出口处。

56. A

【解析与依据】特种作业范围：电工作业、焊接与热切割作业、高处作业、制冷与空调作业、煤矿安全作业、金属非金属矿山安全作业、石油天然气安全作业、冶金（有色）生产安全作业、危险化学品安全作业、烟花爆竹安全作业、工地升降货梯升降作业和经国家应急管理部批准的其他作业。

57. C

【解析与依据】《临时用电安全管理规范》（Q/SY 1244—2009）5.1.1 临时用电应执行相关的电气安全管理、设计、安装、验收等标准规范，实行作业许可，办理临时用电许可证，临时用电作业涉及动火的，应同时办理动火作业许可证。超过6个月的临时用电，不能按照本规范进行管理，应按照相关工程设计规范配置线路。

58. A

【解析与依据】《防雷减灾管理办法》（中国气象局第 24 号令）第十九条投入使用后的防雷装置实行定期检测制度。防雷装置应当每年检测一次，对爆炸和火灾危险环境场所的防雷装置应当每半年检测一次。第二十一条防雷装置检测机构对防雷装置检测后，应当出具检测报告。不合格的，提出整改意见。被检测单位拒不整改或者整改不合格的，防雷装置检测机构应当报告当地气象主管机构，由当地气象主管机构依法作出处理。

59. C

【解析与依据】《中国石油天然气集团公司进入受限空间作业安全管理办法》（安全〔2014〕86号）第三十一条　气体检测设备必须经有检测资质单位检测合格，每次使用前应检查，确认其处于正常状态。气体取样和检测应由培训合格的人员进行，取样应有代表性，取样点应包括受限空间的顶部、中部和底部。检测次序应是氧含量、易燃易爆气体浓度、有毒有害气体浓度。

二、判断题答案与解析

1. 错误

【解析与依据】闪点是燃料贮存、运输及使用中安全防护的重要指标，闪点高的燃料不易起火引起火灾；闪点低的燃料贮运时需注意安全。闪点被看作防火安全指标，油料闪点的高低主要与其蒸发性有关；馏分愈轻，愈易蒸发，闪点就愈低。油料的闪点愈低，就愈容易被火苗点燃引起燃烧，火灾的危险性就愈大。闪点的高低，取决于可燃性液体的密度，液面的气压，或可燃性液体中是否混入轻质组分和轻质组分的含量多少。可燃液体的闪点随其浓度的变化而变化。闪点的高低与油的分子组成及油面上压力有关，压力高，闪点高。闪点是防止油发生火灾的一项重要指标。在敞口容器中，油的加热温度应低于闪点10℃；在压力容器中加热则无此限制。从防火角度考虑，希望油的闪点、燃点高些，两者的差值大些。

2. 正确

【解析与依据】《危险化学品安全知识》常见危险化学品事故大的应急处理（2）爆炸的应急处理：有爆炸危险的场所，一般作业人员不应参与现场的应急处理，应紧急撤离现场。《中华人民共和国安全生产法》第五十二条　从业人员发现直接危及人身安全的紧急情况时，有权停止作业或者在采取可能的应急措施后撤离作业场所。

3. 正确

【解析与依据】化学性眼烧伤急救：立即清除有毒物质，减轻组织反应。冲洗：应分秒必争，清除化学物质以减少其与眼部组织的接触，尽量减轻烧伤程度。一切化学烧伤均应就地用净水清洗眼部，或将面部浸入水盆中，拉开双眼不断摇动头部，经急救后再送医院救治。

4. 正确

【解析与依据】发生危险化学品事故后应该向上风方向疏散。

5. 错误

【解析与依据】机械伤害主要指机械设备运动（静止）部件、工具、加工件直接与人体接触引起的夹击、碰撞、剪切、卷入、绞、碾、割、刺等形式的伤害。各类转动机械的外露传动部分（如齿轮、轴、履带等）和往复运动部分都有可能对人体造成机械伤害。红眼病一般指急性结膜炎，正常情况下，结膜具有一定防御能力，但当防御能力减弱或外界致病因素增加时，将引起结膜组织炎症发生，这种炎症统称为结膜炎。按病程可分为超急性、急性、亚急性、慢性结膜炎。

6. 错误

【解析与依据】在机械设备操作中，手用工具不可以取代相关安全装置。安全装置是指通过自身的结构功能限制或防止机器的某种危险，或限制运动速度，压力等危险因素。常见的安全装置有联锁装置，双手操作式装置，自动停机装置，限位装置等。机械设备上使用的一种本质安全化附件，其作用是杜绝在机械正常工作期间发生人身事故。

7. 正确

【解析与依据】《海洋石油安全生产规定》（国家安全生产监督管理总局令〔2006〕第4号）第二十五条 在海洋石油生产设施的设计、建造、安装以及生产的全过程中，实施发证检验制度。海洋石油生产设施的发证检验包括建造检验、生产过程中的定期检验和临时检验。

8. 正确

【解析与依据】《海洋石油安全管理细则》（国家安全生产监督管理总局令〔2009〕第25号）第五十二条钻井作业应当符合下列规定：防喷器所用的橡胶密封件应当按厂商的技术要求进行维护和储存，不得将失效和技术条件不符的密封件安装到防喷器中。

9. 错误

【解析与依据】安全评价，亦称"危险评价""风险评价"。探明系统危险、寻求安全对策的一种方法和技术，安全系统工程的一个重要组成部分。旨在建立必要的安全措施前，掌握系统内可能的危险种类、危险程度和危险后果，并对其进行定量、定性的分析，从而提出有效的危险控制措施。安全评价目的是查找、分析和预测工程、系统、生产经营活动中存在的危险、有害因素及可能导致的危险、危害后果和程度，提出合理可行的安全对策措施，指导危险源监控和事故预防，以达到最低事故率、最少损失和最优的安全投资效益。

10. 正确

【解析与依据】《机械安全 基本概念与设计通则》（GB/T 15706.2—2007/ISO12100-2：2003）第2部分：技术原则5.2.1对封闭式工作位置（例如室和舱）的设计，应考虑与可见性、照明、气候条件、进入途径、姿势等相关的人类工效学原则。

11. 正确

【解析与依据】《机械安全 基本概念与设计通则》（GB/T 15706.2—2007/ISO12100-2：2003）第2部分：技术原则5.2.7其他的保护装置。对于要求操作者连续控制的机器

（如移动式机器、起重机），若操作人员的任何错误都可能引发危险状态，则应为该机器装备必要的装置使其运行保持在规定的限度内。

12. 正确

【解析与依据】工作中的安全注意事项：（1）开始工作之前必须了解清楚工作方法。（2）工作开始之前必须对操作设备运转情况进行检查。（3）工作时必须配戴必要的保护用品，并合理使用保护用品和保护装置。（4）工作时身体不靠近设备的旋转部位。（5）设备在运转时，不检测工件物。（6）设备保养，设备故障时，必须要关闭电源。（7）工件未放到位时严禁开启开关。（8）设备运转时，手不准伸入行程范围内。（9）严禁私自操作他人之设备。（10）不准利用惯性更换零件，上螺母。（11）严禁用手代替工具作业。（12）作业时严禁脚一直踩在开关上。（13）机修操作钻床和切管机等设备严禁带手套作业。（14）不使用不安全的工具和设备。（15）工作时注意力集中，不准与他人嬉笑、聊天。（16）物品定位存放，不堵塞安全通道。（17）不准于禁烟区内吸烟，平时不准挪用灭火器和其他消防器材。（18）发现不安全因素及时向上级报告。（19）不准在易燃易爆的区域从事焊接工作。（20）不准将酒精、稀料等易燃易爆之物品置放在高温处。（21）不准擅自拉动电源和修理电器设备。（22）严禁私自开动各种机动车辆。（23）工作时必须穿工作服，严禁穿戴过于宽大或者悬垂装饰之衣物。

13. 错误

【解析与依据】《起重吊运指挥信号》（GB 5082—1985）5.3 起重机司机的职责及其要求 5.3.3 当指挥人员所发信号违反本标准的规定时，司机有权拒绝执行。

14. 正确

【解析与依据】起重机指挥人员安全操作要求内容：1. 起重机指挥人员必须是 18 周岁以上（含 18 周岁），视力（包括矫正视力）在 0.8 以上，五色盲症，听力能满足工作条件的要求，身体健康者。2. 起重机指挥人员必须经安全技术培训，劳动部门考核合格，并发给安全技术操作证后，方可从事指挥。3. 起重机指挥人员必须严格执行 GB/T 5082—2019《起重机　手势信号》与起重机司机联络时做到准确无误。4. 起重机指挥人员应熟知 GB 6067《起重机械安全规程》和 LD 48—1993《起重机械吊具与索具安全规程》。5. 起重机指挥人员对所指定的起重机械，必须熟悉技术性能后方可指挥。6. 起重机指挥人员不能干涉起重机司机对手柄或旋钮的选择。7. 起重机指挥人员负责载荷的重量计算和索具吊具的正确选择。8. 起重机指挥人员负责对可能出现的事故采取必要的防范措施。9. 起重机指挥人员应佩戴鲜明的标志和特殊颜色的安全帽。10. 起重机指挥人员在发出吊钩或负载下降信号时，应有保护负载降落地点的人身、设备安全措施。11. 在开始指挥起吊负载时，用微动信号指挥；待负载离开地面 100~200mm 时，停止起升，进行试吊，确认安全可靠后，方可用正常起升信号指挥重物上升。12. 指挥起重机在雨、雪天气作业时，应先经过试吊，检验制动器灵敏可靠后，方可进行正常的起吊作业。13. 在高处指挥时，指挥人员应严格遵守高处作业安全要求。14. 起重机指挥人员选择指挥位置时：① 应保证与起重机司机之间视线清楚。② 在所指定的区域内，应能清楚地看到负载。③ 指挥人员应与被吊运物体保持安全距离。④ 当指挥人员不能同时看见起重机司机和负载时，应站到能看见起重机司机的一侧，并增设中间指挥人员传递信号。

15. 正确

【解析与依据】起重指挥司索工安全操作规程：8. 起吊重物时，司索人员应与重物保持一定的安全距离。

16. 正确

【解析与依据】《起重吊运指挥信号》（GB 5082—1985）1. 名词术语。通用手势信号——指各种类型的起重机在起重吊运中普遍适用的指挥手势。专用手势信号——指具有特殊的起升、变幅、回转机构的起重机单独使用的指挥手势。

17. 正确

【解析与依据】《起重吊运指挥信号》（GB 5082—1985）4.2 指挥人员与司机之间的配合　4.2.1　指挥人员发出"预备"信号时，要目视司机，司机接到信号在开始工作前，应回答"明白"信号。当指挥人员听到回答信号后，方可进行指挥。

18. 正确

【解析与依据】起重指挥司索司索工安全操作要求：（3）挂钩起钩。吊钩要位于被吊物重心的正上方，不准斜拉吊钩硬挂，防止提升后吊物翻转、摆动。吊物高大需要垫物。攀高挂钩、摘钩时，脚踏物一定要稳固垫实，禁止使用易滚动物体做脚踏物。攀高必须佩戴安全带，防止人员坠落跌伤；挂钩要坚持"五不挂"，即起重或吊物重量不明不挂，重心位置不清楚不挂，尖棱利角和易滑工件无衬垫物不挂，吊具及配套工具不合格或报废不挂，包装松散捆绑不良不挂等，将不安全隐患消除在挂钩前；当多人吊挂同一吊物时，应由一专人负责指挥，在确认吊挂完备，所有人员都离开站在安全位置以后，才可发出起钩信号。起钩时，地面人员不应站在吊物倾翻、坠落可波及的地方。如果作业场地为斜面，则应站在斜面上方（不可在死角），防止吊物坠落后继续沿斜面滚移伤人。

19. 正确

【解析与依据】《起重吊运指挥信号》（GB 5082—1985）5.1 对使用信号的基本规定　5.1.1 指挥人员使用手势信号均以本人的手心、手指或手臂表示吊钩、臂杆和机械位移的运动方向。

20. 错误

【解析与依据】《起重吊运指挥信号》（GB 5082—1985）5.2.6 当多人绑挂同一负载时，起吊前，应先做好呼唤应答，确认绑挂无误后，方可由一人负责指挥。

21. 正确

【解析与依据】《起重吊运指挥信号》（GB 5082—1985）5.2.4 指挥人员不能同时看清司机和负载时，必须增设中间指挥人员以便逐级传递信号，当发现错传信号时，应立即发出停止信号。

22. 错误

【解析与依据】起重作业方案中，被吊运物的中心位置及绑扎：确定物体的中心要考虑到重物的形状和内部结构是各种各样的，不但要了解外部形状尺寸，也要了解其内部结构。了解重物的形状、体积、结构的目的是要确定其重心位置，正确地选择吊点及绑扎方法，保证重物不受损坏和吊运安全。

23. 正确

【解析与依据】《起重吊运指挥信号》（GB 5082—1985）5.2.9 指挥人员应佩戴鲜明的标志，如标有"指挥"字样的臂章、特殊颜色的安全帽、工作服等。

24. 错误

【解析与依据】起重机械基本功能参数：起重机允许起升物料的最大质量连同起重机取物装置质量的总和称为额定起重量。起重机的取物装置本身的重量（除吊钩以外），一般应包括抓斗、起重电磁铁、平衡梁、钢水包以及各种辅助吊具等，对于幅度可变的起重机，根据幅度规定起重机的额定起重量。

25. 错误

【解析与依据】钢丝绳使用的一般规定：钢丝绳在使用过程中，如出现长度不够时，应采用以下连接方法（常用的连接方式是编结绳套，另一种方式是钢丝绳卡），严格禁止用钢丝绳头穿细钢丝绳的方法接长吊运物件，以免由此而产生的剪切力对钢丝绳结构造成破坏。

26. 错误

【解析与依据】起重吊装作业的安全技术规程：设备吊装作业中的安全技术：设备构件的绑扎一定要牢固，卸扣和绳卡一定按其技术要求使用，有棱角的或特别光滑的物体应在绑扎钢丝绳处加以包垫以防止钢丝绳滑脱和绑扎绳索，受力时被棱角割坏。起吊的绳索角度在 45°～60° 之间，高空吊装时应在设备和构件上绑扎留绳，以控制重物的悬空位置，防止重物左右摆动。

27. 错误

【解析与依据】起重吊装作业的安全技术规程：在吊装作业中，各机械操作人员、吊车司机应服从统一指挥，做到"五不吊"。指挥员手势不清不吊，重量级不明不吊，超载不吊，视线不明不吊，重心不明确或捆绑不牢固不吊。

28. 正确

【解析与依据】起重吊装前指挥人员必须做到五个确认：（1）从事吊装作业的起重人员，必须经过专业培训，熟悉操作规程及安全注意事项，具有相应的上岗资格和特种作业资格。(2)起重作业人员在吊装作业前应经过施工技术交底和安全措施交底,清楚物件的几何尺寸、重量、重心位置、吊点位置及其他要求。(3)大型吊装作业应经过施工组织方案及安全技术交底,熟知施工方案、操作规程、吊装程序、指挥信号和安全要求。(4)作业前对起重索具作全面检查,检查内容包括完好程度、规格型号、数量以及备用品是否齐全。(5)对钢丝绳进行检查。检查、判别及选用应遵守以下规定:① 根据吊装作业用途,按照不同的安全系数检查和选用钢丝绳。② 使用钢丝绳前,应对其磨损程度、绳股凸起、锈蚀、尖刺、扭曲等现象进行认真检查,判定其合用程度。③ 检查钢丝绳是否存在断丝现象。

29. 正确

【解析与依据】在起重机故障情况下,吊钩上的货物可用手动释放。

30. 正确

【解析与依据】起重吊装作业的安全技术规程:钢丝绳是起重机上应用最广泛的挠性构件,也是起重机械安全生产三大重要构件(制动器、钢丝绳、吊钩)之一。钢丝绳的技术要求严而规格繁杂。

31. 错误

【解析与依据】《起重机安全操作规程》十五严禁非专业人员随意解除、拆除及调整起重机的安全保护装置,严禁用限位装置代替操纵机构;夜间操作时应有充足的照明。

32. 错误

【解析与依据】交变电流(交流电)的电压高低和方向都是随时间变化的。如果这个交流电与某个电压的直流电的热效应相等,那么就可以认为该直流电的电压就是这个交流电电压的有效值。各种交流电表示数、电器设备上所标数值,无特殊说明时均指有效值。我们通常所说的380V或220V交流电压,是指交流电压的有效值。

33. 正确

【解析与依据】接地线就是直接连接地球的线,也可以称为安全回路线,危险时它就把高压直接转嫁给地球,算是一根生命线。在电力系统中接地线:是为了在已停电的设备和线路上意外地出现电压时保证工作人员的重要工具。

34. 错误

【解析与依据】为防止运行人员误合断路器和隔离开关,在已停电的断路器和隔离开关的把手上,就应挂"禁止类标示牌"。

35. 正确

【解析与依据】电工安全操作规程:任何电器设备未经验电,一律视为有电,不能用手触及。

36. 正确

【解析与依据】电动机电压不能低于电动机额定电压的5%以下,也不能超过电动机电压的 10% 以上，电压过高可能会击穿绝缘，造成短路，电压低电流过大，线圈发热，击穿绝缘，造成短路。

37. 正确

【解析与依据】外来检修施工单位应具有国家规定的相应资质，并在其等级许可范围内开展检修施工业务。在签订设备检修合同时，应同时签订安全管理协议。

38. 错误

【解析与依据】系统只能采用一种保护形式。TN-S 系统采用的是保护接零，如设备再保护接地，当人员发生单相触电时，因保护接地分流短路电流，使保护接零回路达不到短路保护电流值，造成保护装置不能切断电源。

39. 正确

【解析与依据】电流对人体的危害程度与通过人体电流的大小、频率的高低、持续时间的长短、电流通过的途径以及人体电阻的大小等多种因素有关。电流可分为直流电、交流电。交流电可分为工频电和高频电。这些电流对人体都有伤害，但伤害程度不同。人体忍受直电流、高频电的能力比工频电强，所以工频电对人体的危害最大。

40. 正确

【解析与依据】《电气装置安装工程电缆线路施工及验收规范》（GB 50168—2006）7 电缆线路防火阻燃设施的施工　7.0.1 对易受外部影响着火的电缆密集场所或可能着火蔓延而酿成严重事故的电缆回路，必须按设计要求的防火阻燃措施施工。7.0.2 电缆的防火阻燃尚应采取下列措施：1 在电缆穿过竖井、墙壁、楼板或进入电气盘、柜的孔洞处，用防火堵料密实封堵。

41. 正确

【解析与依据】绝缘等级是指电机（或变压器）绕组采用的绝缘材料的耐热等级。电机与变压器中常用的绝缘材料等级为 A、E、B、F、H 五种。每一绝缘等级的绝缘材料都有相应的极限允许工作温度（电机或变压器绕组最热点的温度）。允许极限温度是指电机绝缘材料的允许最高工作温度，它反应绝缘材料的耐热性能。绝缘材料按耐热能力分为 Y 级、A 级、E 级、B 级、F 级、H 级、C 级，允许温度 90℃、105℃、120℃、130℃、155℃、180℃、180℃以上。

42. 正确

【解析与依据】工作人员工作中正常活动范围内和带电设备的安全距离，它考虑了工作人员在正常工作中可能活动的最大的空间位置，对带电设备所必须保持的安全距离。其规定数值如下：10kV 及以下 -0.4m，35kV-0.6m，110kV-1.5m，220kV-3.0m，500kV-5.0m。如工作人员在正常工作中对带电导体的安全距离小于上列数值时，带电部分必须停电。

43. 正确

【解析与依据】电击的主要特征：一、伤害人体内部。二、低压触电在人体的外表没有显著的痕迹，但是高压触电会产生极大的热效应，导致皮肤烧伤，严重者会被烧黑。三、致命电流较小，按照发生电击时电气设备的状态，电击可分为直接接触电击和间接接触电击。

44. 正确

【解析与依据】严禁戴手套或用单手抡大锤，使用大锤时周围不准有人靠近。狭窄区域，使用大锤应注意周围环境，避免反击力伤人。用凿子凿坚硬或脆性物体时（如生铁、生铜、水泥等）必须戴防护眼镜，必要时装设安全遮栏，以防碎片打伤他人。

45. 正确

【解析与依据】《中国石油天然气集团公司进入受限空间作业安全管理办法》（安全〔2014〕86号）第五十一条当发生下列任何一种情况时，现场所有人员都有责任立即终止作业，取消进入受限空间作业许可证。需要重新恢复作业时，应当重新申请办理进入受限空间作业许可证。（一）作业环境和条件发生变化而影响到作业安全时；（二）作业内容发生改变；（三）实际作业与作业计划的要求不符；（四）安全控制措施无法实施；（五）发现有可能发生立即危及生命的违章行为；（六）现场发现重大安全隐患；（七）发现有可能造成人身伤害的情况或事故状态下。

46. 错误

【解析与依据】《中国石油天然气集团公司进入受限空间作业安全管理办法》（安全〔2014〕86号）第三十九条进入受限空间作业应指定专人监护，不得在无监护人的情况下作业；作业人员和监护人员应当相互明确联络方式并始终保持有效沟通；进入特别狭小空间时，作业人员应当系安全可靠的保护绳，并利用保护绳与监护人员进行沟通。第四十八条进入受限空间作业期间，作业人员应当安排轮换作业或休息。每次进、出受限空间的人员都要清点和登记。

47. 正确

【解析与依据】《中国石油天然气集团公司进入受限空间作业安全管理办法》（安全〔2014〕86号）第二十四条发生紧急情况时，严禁盲目施救。救援人员应经过培训，具备与作业风险相适应的救援能力，确保在正确穿戴个人防护装备和使用救援装备的前提下实施救援。第四十七条如发生紧急情况，需进入受限空间进行救援时，应当明确监护人员与救援人员的联络方法。救援人员应当佩戴相应的防护装备。必要时，携带气体防护装备。

48. 正确

【解析与依据】《安全绳使用规范》中2.为确保安全不得在高温处使用，不得将绳打结使用，每次使用时应做外观检查，发现破损立即停止使用；5.安全绳在重复使用前，要做负荷试验，检验合格后方可继续使用，发现异常应报废。

49. 正确

【解析与依据】《海上固定平台安全规则》15.10 逃生用具 15.10.1 住人平台应设置至

少两套尽量远离的应急逃生用固定式金属梯。还应配备便携式绳梯、打结逃生索或类似用具，其放置地点应临近救生筏旁。

50. 错误

【解析与依据】《起重机作业安全技术规定》13. 两台或多台起重机吊运同一重物时，钢丝绳应保持垂直，各台起重机升降应同步，各台起重机不得超过各自的额定起重能力。14. 两台或多台起重机联合工作时，起吊重量轮胎式不得超过两台起重机允许起重量之和的75%、履带式不得超过两台起重机允许起重量之和的70%，每台起重机的负荷不得大于该机允许重量的80%。

51. 错误

【解析与依据】《化学品生产单位受限空间作业安全规范》（AQ 3028—2008）4.3 清洗或置换。受限空间作业前，应根据受限空间盛装（过）的物料的特性，对受限空间进行清洗或置换，并达到下列要求：4.3.1 氧含量一般为18%～21%，在富氧环境下不得大于23.5%。

52. 正确

【解析与依据】《安全带正确使用方法》（3）高处作业如安全带无固定挂处，应采用适当强度的钢丝绳或采取其他方法。禁止把安全带挂在移动或带尖锐棱角或不牢固的物件上。（4）高挂低用。将安全带挂在高处，人在下面工作就叫高挂低用。这是一种比较安全合理的科学系挂方法。它可以使有坠落发生时的实际冲击距离减小。与之相反的是低挂高用。就是安全带拴挂在低处，而人在上面作业。这是一种很不安全的系挂方法，因为当坠落发生时，实际冲击的距离会加大，人和绳都要受到较大的冲击负荷。所以安全带必须高挂低用，杜绝低挂高用。

53. 错误

【解析与依据】《高处作业分级》（GB 3608—1983）根据高度 h（作业位置至其底部的垂直距离）不同，可能坠落范围半径 R 分别是：当高度 h 为2m至5m时，半径 R 为2m；当高度 h 为5m以上至15m时，半径 R 为3m；当高度 h 为15m以上至30m时，半径 R 为4m；当高度 h 为30m以上时，半径 R 为5m。

54. 错误

【解析与依据】《建筑施工高处作业安全技术规范》（JGJ 80—1991）第4.1.7条折梯使用时上部夹角以35°～45°为宜，铰链必须牢固，并应有可靠的拉撑措施。

55. 正确

【解析与依据】《高处作业安全规程》（Q/HS 4019—2010）4.6.7 一个梯子仅限一人攀爬或在其上作业时，严禁两人或多人同时攀爬和使用同一梯子。《中国石油天然气集团公司高处作业安全管理办法》（安全〔2015〕37号）第四十六条 梯子使用前应检查结构是否牢固。禁止在吊架上架设梯子，禁止踏在梯子顶端工作。同一架梯子只允许一个人在上面工作，不准带人移动梯子。

56. 正确

【解析与依据】《中国石油天然气集团公司高处作业安全管理办法》（安全〔2015〕37号）第二十五条　严禁在六级以上大风和雷电、暴雨、大雾、异常高温或低温等环境条件下进行高处作业；在30℃～40℃高温环境下的高处作业应进行轮换作业。

57. 错误

【解析与依据】《中国石油天然气集团公司高处作业安全管理办法》（安全〔2015〕37号）第五十四条　高处动火作业、进入受限空间内的高处作业、高处临时用电等除执行本办法的相关规定外，还应满足动火作业、进入受限空间作业、临时用电作业安全管理等相关要求。

58. 错误

【解析与依据】《中国石油天然气集团公司高处作业安全管理办法》（安全〔2015〕36号）第四十三条　作业人员应按规定系用与作业内容相适应的安全带。安全带应高挂低用，不得系挂在移动、不牢固的物件上或有尖锐棱角的部位，系挂后应检查安全带扣环是否扣牢。

59. 错误

【解析与依据】《中国石油天然气集团公司高处作业安全管理办法》（安全〔2015〕37号）第四十三条　作业人员应按规定系用与作业内容相适应的安全带。安全带应高挂低用，不得系挂在移动、不牢固的物件上或有尖锐棱角的部位，系挂后应检查安全带扣环是否扣牢。

60. 正确

【解析与依据】《高处作业管理规定》（炼油化〔2011〕11号）第十四条　高处作业分为一般高处作业和特殊高处作业两类。（一）一般高处作业是指在坠落高度基准面2m（含2m）以上30m以下（不含30m）的作业。（二）符合以下情况的高处作业为特殊高处作业：1. 在作业基准面30m（含30m）以上。2. 雨、雪天气。3. 夜间。4. 接近或接触带电体。5. 在有限空间内的高处作业。6. 突发灾害的高处作业。7. 在排放有毒、有害气体和粉尘超出允许浓度的场所进行的高处作业。

61. 错误

【解析与依据】在施工现场，当高处作业中工作面的边沿没有围护设施或虽有围护设施，但其高度低于800mm时，这一类作业称为临边作业。

62. 正确

【解析与依据】《高处作业管理规定》第十四条高处作业分为一般高处作业和特殊高处作业两类。（一）一般高处作业是指在坠落高度基准面2m（含2m）以上30m以下（不含30m）的作业。（二）符合以下情况的高处作业为特殊高处作业：1. 在作业基准面30m（含30m）以上。2. 雨、雪天气。3. 夜间。4. 接近或接触带电体。5. 在有限空间内的高处

作业。6. 突发灾害的高处作业。7. 在排放有毒、有害气体和粉尘超出允许浓度的场所进行的高处作业。

63. 错误

【解析与依据】 吊绳安全操作规程：4. 下绳时，施工负责人和楼上监护人员要给予指挥和帮助。6. 楼上、地面监护人员要坚守在施工现场切实履行职责。随时观察操作绳、安全绳的松紧及绞绳、串绳等现象，发现问题及时报告，及时排除。8. 操作绳、安全绳需移位、上下时，监护人员及辅助工人要一同协调安置好，不用时需把绳子打好捆紧。9. 施工员要落地时，要先察看一下地面、墙壁的设施，操作绳、安全绳的定位及行人流量的多少情况，待地面监护人员处理、调整，同意后方可缓慢下降，直至地面。

三、多项选择题答案与解析

1. A B C D

【解析与依据】 四不放过是指事故原因未查清不放过、责任人员未处理不放过、整改措施未落实不放过、有关人员未受到教育不放过。事故处理的"四不放过"原则是要求对安全生产工伤事故必须进行严肃认真的调查处理，接受教训，防止同类事故重复发生。

2. A B C D

【解析与依据】 热源隔离按从完全隔离（高级）到有限隔离（低级）顺序分为4种：拆卸隔离法、截断加盲板法、双截断加放泄隔离法、单截断法。

3. A B C

【解析与依据】 胸外心脏按压的操作要领：(1) 病人体位：平卧，背部垫木板或平卧于地板上；(2) 按压位置：胸骨下 1/2 处；(3) 按压手法：一手掌根部置于按压点，另一手掌根部覆于前者之上，手指翘起，两臂伸直；(4) 按压要求：胸骨下陷 4~5cm；(5) 按压频率：100 次/min；(6) 按压与放松的时间比：1:1；(7) 按压与人工呼吸的配合：① 现场急救人员无论成人或儿童均为 30:2；② 专业人员急救时儿童为 15:2；③ 如已气管插管，人工呼吸 8~10 次/min，按压不可中断。

4. A B C

【解析与依据】 现场止血法有三种：(1) 加压包扎法；(2) 指压止血法；(3) 止血带止血法。

5. A C

【解析与依据】 不完全燃烧，旧称"未安全燃烧"，是指燃料的燃烧产物中还含有某些可燃物质的燃烧。按发生原因的不同，有化学不完全燃烧和机械不完全燃烧两种。导致不完全燃烧的原因很多，主要有燃料与空气配合不当（即过量空气系数太小或太大）、燃料品种与燃料设备不相适应、燃烧块煤时燃料在炉箅上分布不匀、燃烧煤粉时燃料在炉箅上分布不匀或煤粉与空气（二次风）混合不好、液体燃料常因雾化质量欠佳而使燃烧温度过低或过高、燃料在燃烧设备内停留的时间过于短暂等。

6. A B C D

【解析与依据】公共娱乐场所的火灾危险性（1）人员集中，疏散困难，易造成人员的重大伤亡。（2）室内装修、装饰大量使用可燃、易燃材料。（3）用电设备多，着火源多，不易控制。（4）发生火灾蔓延快，扑救困难。

7. A B D

【解析与依据】救生衣性能要求：（1）救生衣能在被火完全包围2s内，不致燃烧或继续熔化；（2）浸入淡水中24h后，救生衣具有的浮力降低不超过5%；（3）在5s内能使失去知觉人员从水中任何姿势转为嘴部高出水面不低于120mm，身体向后倾斜与垂直方向形成角度不小于20°；（4）能使至少75%的完全不熟悉救生衣的人，在无人帮助、指导或事先示范的情况下在1min内能正确地穿好救生衣；（5）使穿着者从至少45m高度处跳入水中不致受伤，而且救生衣不移位也不损坏；（6）每件成人救生衣能使穿着的人员作短距离的游泳，并登上救生艇筏；（7）所有儿童救生衣应标明"儿童"（child）字样；（8）每件救生衣备有用细绳系牢的哨笛一只。

客船救生衣数量配置标准：船员每人配备一件；另外驾驶台和机舱值班人员每人增设一件，客船还应附加配备船上总人数5%的救生衣，每艘客船尚应按乘客总人数10%增配儿童救生衣，存放于甲板明显易见处。

8. A B C D

【解析与依据】当发生海难事故时，船上人员弃船求生所面临的困难主要有溺水、暴露（暴露在寒冷气候会冻伤身体组织，暴露在酷热气候下，会使求生待救人员中暑或衰竭）、晕浪、饮水与食物的缺乏、遇险位置不明以及求生意志的下降等。

9. A C

【解析与依据】救生艇额定乘员每个人3L的淡水，其中每个人1L的淡水可用一台2天内能生产等量淡水的海水淡化装置来代替。救生筏额定乘员每个人1.5L淡水，其中每个人0.5L的淡水可用一台2天内能生产等量淡水的海水淡化装置来代替。

10. A B

【解析与依据】包扎是外伤现场应急处理的重要措施之一。及时正确的包扎，可以达到压迫止血、减少感染、保护伤口、减少疼痛，以及固定敷料和夹板等目的；相反，错误的包扎可导致出血增加、加重感染、造成新的伤害、遗留后遗症等不良后果。绷带包扎法注意事项：包扎时，展开绷带的外侧头，背对患部，一边展开，一边缠绕。无论何种包扎形式，均应环形起，环形止，松紧适当，平整无褶。最后将绷带末端剪成两半，打方结固定。结应打在患部的对侧，不应压在患部之上。有的绷带无需打结固定，包扎后可自行固定。绷带包扎时应注意包扎的起点、止点和着力点以及包扎时绷带的走行方向。起点：包扎均由远心端开始，先环形包扎两周，将其始端固定。再向近心端包扎。指（趾）端尽可能外露，以便观察肢体末梢血液循环情况。移行与着力点：每包扎一周应压住前周的1/3～1/2，用力均匀，松紧适度，使绷带平整均匀，反折部分不可压在伤口

或骨隆突处。包到出血伤口处，宜稍加压力，起止血作用；若是脓腔引流伤口则不要太用力，以免妨碍引流。止点：包扎完毕时再环绕两周以胶布固定，或撕开带端打结，亦可用安全别针固定。打结应打在肢体外侧，不可打在伤口、骨隆起及坐卧受压处。

11. A B C D

【解析与依据】灭火的基本方法包括：（1）窒息灭火法——使燃烧物质断绝氧气的助燃而熄灭。（2）冷却灭火法——使可燃烧物质的温度降低到燃点以下而终止燃烧。（3）隔离灭火法——将燃烧物体附近的可燃烧物质隔离或疏散开，使燃烧停止。（4）抑制灭火法——使灭火剂参与到燃烧反应过程中去，使燃烧中产生的游离基消失而使燃烧反应停止。

12. A B C D

【解析与依据】压力容器类别及压力等级、品种的划分：压力等级划分为（1）低压（代号L），$0.1MPa \leqslant p < 1.6MPa$；（2）中压（代号M），$1.6MPa \leqslant p < 10.0MPa$；3. 高压（代号H），$10.0MPa \leqslant p < 100.0MPa$；4. 超高压（代号U），$p \geqslant 100.0MPa$。

13. A B C D

【解析与依据】《中国石油天然气集团公司高处作业安全管理办法》（安全〔2015〕37号）第二十五条　严禁在六级以上大风和雷电、暴雨、大雾、异常高温或低温等环境条件下进行高处作业；在30℃～40℃高温环境下的高处作业应进行轮换作业。《高空作业管理规定》第十五条　基本要求（十一）严禁在六级及以上大风和雷电、暴雨、大雾等气象条件下以及40℃及以上高温、–20℃及以下寒冷环境下从事高空作业，在30℃～40℃的高温环境下的高空作业应实施轮换作业。

14. A B C D

【解析与依据】《泄漏处理》5.4 泄漏处理。泄漏被控制后，要及时将现场泄漏物进行覆盖、收容、稀释、处理，使泄漏物得到安全可靠的处置，防止二次事故的发生。

15. A B C D E

【解析与依据】危险化学品的主要危险特性：（1）燃烧性。爆炸品、压缩气体和液化气体中的可燃性气体、易燃液体、易燃固体、自燃物品、遇湿易燃物品、有机过氧化物等，在条件具备时均可能发生燃烧。（2）爆炸性。爆炸品、压缩气体和液化气体、易燃液体、易燃固体、自燃物品、遇湿易燃物品、氧化剂和有机过氧化物等危险化学品均可能由于其化学活性或易燃性引发爆炸事故。（3）毒害性。许多危险化学品可通过一种或多种途径进入人体和动物体内，当其在人体累积到一定量时，便会扰乱或破坏肌体的正常生理功能，引起暂时性或持久性的病理改变，甚至危及生命。（4）腐蚀性。强酸、强碱等物质能对人体组织、金属等物品造成损坏，接触人的皮肤、眼睛或肺部、食道等时，会引起表皮组织坏死而造成灼伤。内部器官被灼伤后可引起炎症，甚至会造成死亡。（5）放射性。放射性危险化学品通过放出的射线可阻碍和伤害人体细胞活动机能并导致细胞死亡。

16. A B C D

【解析与依据】 直击雷防护措施：(1) 避雷针：避雷针用来保护工业与民用高层建筑以及发电厂、变压所的屋外配电装置、输电线路个别区段、在雷电先导电路向地面延伸过程中，由于受到避雷针畸变电路的影响，会逐渐转向并击中避雷针，从而避免了雷电先导向被保护设备，击毁被保护设备和建筑的可能性。由此可见，避雷针实际上是引雷针，它将雷电引向自己，从而保护其他设备免遭雷击。(2) 避雷线：避雷线也叫架空地线，它是沿线路架设在杆塔顶端，并具有良好接地的金属导线，避雷线是输电线路的主要防雷保护措施。(3) 避雷带、避雷网：在建筑物上沿屋角、屋脊、檐角和屋檐等易受雷击部位敷设的金属网格，主要用于保护高大的民用建筑。

第四章　案例分析与经验交流

一、单项选择题答案与解析

1. C

【解析与依据】电器着火时应使用不导电的灭火器材，例如干粉灭火器、二氧化碳灭火器、四氯化碳灭火器、沙土等，不得使用水、泡沫灭火器等导电的器材。

2. C

【解析与依据】《中华人民共和国安全生产法》第五条　生产经营单位的主要负责人对本单位的安全生产工作全面负责。徐某作为直接领导、指挥生产经营单位日常生产经营活动的决策人，应对该公司的安全生产工作全面负责。

3. A

【解析与依据】《中华人民共和国安全生产法》第十三条　生产经营单位委托其他机构提供安全生产技术、管理服务的，保证安全生产的责任仍由本单位负责。虽然某化工厂委托了安全生产服务机构为其提供安全生产管理服务，但是该化工厂安全生产的责任仍由该厂负责。

4. C

【解析与依据】《中华人民共和国安全生产法》第十八条　生产经营单位的主要负责人对本单位安全生产工作负以下职责：（1）建立、健全本单位安全生产责任制；（2）组织制定本单位安全生产规章制度和操作规程；（3）组织制定并实施本单位安全生产教育和培训计划；（4）保证本单位安全生产投入的有效实施；（5）督促、检查本单位的安全生产工作，及时消除生产安全事故隐患；（6）组织制定并实施本单位的生产安全事故应急救援预案；（7）及时、如实报告生产安全事故。其中不包括亲自为职工讲授安全生产培训课程。

5. C

【解析与依据】《中华人民共和国安全生产法》第二十一条　矿山、金属冶炼、建筑施工、道路运输单位和危险物品的生产、经营、储存单位，应当设置安全生产管理机构或者配备专职安全生产管理人员。石油管道企业作为危险物品的经营、存储单位应当设置安全生产管理机构或者配备专职安全生产管理人员。

6. C

【解析与依据】《中华人民共和国安全生产法》第三十九条　生产、经营、储存、使用危险物品的车间、商店、仓库不得与员工宿舍在同一座建筑物内,并应当与员工宿舍保持安全距离。生产经营场所和员工宿舍应当设有符合紧急疏散要求、标志明显、保持畅通的出口。禁止锁闭、封堵生产经营场所或者员工宿舍的出口。因此严禁在夜间闭锁、封堵员工宿舍出口。

7. C

【解析与依据】《中华人民共和国安全生产法》第九十一条 生产经营单位的主要负责人未履行本法规定的安全生产管理职责,导致发生生产安全事故的,给予撤职处分;构成犯罪的,依照刑法有关规定追究刑事责任。生产经营单位的主要负责人依照前款规定受刑事处罚或者撤职处分的,自刑罚执行完毕或者受处分之日起,五年内不得担任任何生产经营单位的主要负责人;对重大、特别重大生产安全事故负有责任的,终身不得担任本行业生产经营单位的主要负责人。李某因未履行《中华人民共和国安全生产法》规定的安全生产管理职责,导致发生生产安全事故,因此5年内不得担任任何生产经营单位的主要负责人。

8. A

【解析与依据】《中华人民共和国安全生产法》第五十三条 因生产安全事故受到损害的从业人员,除依法享有工伤保险外,依照有关民事法律尚有获得赔偿的权利的,有权向本单位提出赔偿要求。因此樊某可以向本单位提出赔偿要求。

9. C

【解析与依据】《企业职工伤亡事故经济损失统计标准》(GB 6721—1986):直接经济损失的统计范围包括医疗费用(含护理费用)、丧葬及抚恤费用、补助及救济费用、歇工工资、处理事故的事务性费用、现场抢救费用、清理现场费用、事故罚款和赔偿费用、固定资产损失价值、流动资产损失价值。因此此次事故的直接经济损失为:45万+60万+28万+200万,共333万元。

10. C

【解析与依据】依据《企业职工伤亡事故分类》(GB 6441—1986),某企业吊装作业工程中,发生吊臂防滑板开焊,造成吊臂脱落事故,三人死亡,一人重伤,该事故类别为起重伤害。

11. B

【解析与依据】《化学品生产单位特殊作业安全规范》(GB 30871—2014)中规定动火分析与动火作业间隔一般不超过30min。

12. B

【解析与依据】《化学品生产单位特殊作业安全规范》(GB 30871—2014)中定义受限空间是指进出口受限,通风不良,包括封闭、半封闭的设备、设施及场所。根据该规范要求,进入受限空间作业必须办理受限空间作业许可证。某炼油厂污水井内为受限空间,因此要进入该场所清污必须办理受限空间作业许可证。

13. C

【解析与依据】硫化氢浓度达到 750mg/m³ 时，吸入者就会失去理智和平衡知觉，呼吸困难，2～15min 停止呼吸。该井底硫化氢浓度高达 850mg/m³，因此甲、乙死亡的直接原因是硫化氢中毒。

14. C

【解析与依据】热探头主要用于探测在空气中散发的热量的上升速度，它是采用温度速率及固定温度组合型探头。当周围环境温度达到一定数值或温升速度超过一定数值时，探头输出闭合触点信号至火灾盘。

15. A

【解析与依据】依据《企业职工伤亡事故分类》(GB 6441—1986)，员工使用割管器切断管线，有液体泄漏到钻台上，液体（乙酸）通过棉手套滴到了他的手上使其左手发生化学灼伤，事故类别为灼烫。

二、判断题答案与解析

1. 正确

【解析与依据】《生产安全事故报告和调查处理条例》（国务院令〔2007〕第 493 号）规定：特别重大事故，是指造成 30 人以上死亡，或者 100 人以上重伤（包括急性工业中毒，下同），或者 1 亿元以上直接经济损失的事故。某化工厂发生爆炸起火事故，造成了死亡 35 人，超过了 30 人的标准，因此为特别重大事故。

2. 正确

【解析与依据】依据《企业职工伤亡事故分类》(GB 6441—1986)，爆炸事故分为：火药、瓦斯、锅炉、容器和其他爆炸事故。因此铝粉尘爆炸事故属于其他爆炸事故。

3. 错误

【解析与依据】《企业职工伤亡事故经济损失统计标准》(GB 6721—1986)：直接经济损失的统计范围包括：医疗费用（含护理费用）、丧葬及抚恤费用、补助及救济费用、歇工工资、处理事故的事务性费用、现场抢救费用、清理现场费用、事故罚款和赔偿费用、固定资产损失价值、流动资产损失价值。因此此次事故的直接经济损失为：640 万 +130 万 +280 万，共 1050 万元。

4. 错误

【解析与依据】根据《化学品生产单位特殊作业安全规范》(GB 30871—2014)规定，在化学品生产单位内进行动火作业需要开具动火作业许可证。本次事故未开具动火作业许可证属于责任事故。

5. 正确

【解析与依据】《安全生产许可证条例》第六条规定：要取得安全生产许可证必须依法进行安全现状评价。

6. 错误

【解析与依据】《中华人民共和国安全生产法》第十八条 生产经营单位的主要负责人对本单位安全生产工作负有下列职责：（1）建立、健全本单位安全生产责任制；（2）组织制定本单位安全生产规章制度和操作规程；（3）组织制定并实施本单位安全生产教育和培训计划；（4）保证本单位安全生产投入的有效实施；（5）督促、检查本单位的安全生产工作，及时消除生产安全事故隐患；（6）组织制定并实施本单位的生产安全事故应急救援预案；（7）及时、如实报告生产安全事故。因此建立、健全本企业的安全生产责任制应该由该企业主要负责人负责。

7. 正确

【解析与依据】《中华人民共和国安全生产法》第八十三条 事故调查处理应当按照科学严谨、依法依规、实事求是、注重实效的原则，及时、准确地查清事故原因，查明事故性质和责任，总结事故教训，提出整改措施，并对事故责任者提出处理意见。

8. 错误

【解析与依据】根据《化学品生产单位特殊作业安全规范》（GB 30871—2014），进行脚手架设作业属于高处作业，应该开具高处作业许可证。

9. 错误

【解析与依据】根据《企业职工伤亡事故分类》（GB 6441—1986），该事故的类别应为灼烫。

10. 正确

【解析与依据】依据《企业职工伤亡事故分类》（GB 6441—1986），邹某被弹出的阀杆击中后死亡，该事故类别为物体打击事故。

11. 错误

【解析与依据】《中华人民共和国安全生产法》第十三条：生产经营单位委托其他机构提供安全生产技术、管理服务的，保证安全生产的责任仍由本单位负责。虽然某化工厂委托了安全生产服务机构为其提供安全生产管理服务，但是该化工厂安全生产的责任仍由该厂负责。

12. 正确

【解析与依据】《中华人民共和国安全生产法》第二十六条：生产经营单位采用新工艺、新技术、新材料或者使用新设备，必须了解、掌握其安全技术特性，采取有效的安全防护措施，并对从业人员进行专门的安全生产教育和培训。

13. 正确

【解析与依据】浓度较高的乙酸具有腐蚀性，能导致皮肤烧伤，眼睛永久失明以及黏膜发炎，因此需要适当的防护。呼吸系统防护：空气中有毒气体浓度超标时，应佩戴防毒面具；眼睛防护：戴化学安全防护眼镜；手防护：戴橡皮手套。

14. 正确

【解析与依据】当电流从左手到前胸时，心、肺、脊髓等器官都处于电路内，极易引起心颤和中枢神经失调而亡，因此电流途径人体最危险的路径是左手到前胸。

15. 正确

【解析与依据】本案例作业工人进行高处作业未佩戴安全带，跌落至保温层夹缝中死亡，该作业人员死亡的直接原因是高处坠落。

三、多项选择题答案与解析

1. A B C

【解析与依据】《企业职工伤亡事故经济损失统计标准》（GB 6721—1986）：直接经济损失的统计范围包括人身伤亡后支出的费用、善后处理费用、财产损失价值。

2. A B C

【解析与依据】作业许可证包括且不限于作业单位、作业区域、作业范围、作业内容、作业时间、作业危害及相应的控制措施、作业申请、作业批准、作业关闭等内容。

3. A B

【解析与依据】作业许可证必须在作业前签发，签发后超过 2h 未开始作业，必须重新申请作业许可，作业许可证的一般不超过 12h，经过作业人员、审批人员同意后可以适当延长。

4. A B C D

【解析与依据】《中华人民共和国安全生产法》第五十条　生产经营单位的从业人员有权了解其作业场所和工作岗位存在的危险因素、防范措施及事故应急措施，有权对本单位的安全生产工作提出建议。第五十一条　从业人员有权对本单位安全生产工作中存在的问题提出批评、检举、控告；有权拒绝违章指挥和强令冒险作业。第五十二条　从业人员发现直接危及人身安全的紧急情况时，有权停止作业或者在采取可能的应急措施后撤离作业场所。第五十三条　因生产安全事故受到损害的从业人员，除依法享有工伤保险外，依照有关民事法律尚有获得赔偿的权利的，有权向本单位提出赔偿要求。

5. A B C D

【解析与依据】《中华人民共和国安全生产法》第五十四条　从业人员在作业过程中，应当严格遵守本单位的安全生产规章制度和操作规程，服从管理，正确佩戴和使用劳动防护用品。第五十五条　从业人员应当接受安全生产教育和培训，掌握本职工作所需的安全生产知识，提高安全生产技能，增强事故预防和应急处理能力。第五十六条　从业人员发现事故隐患或者其他不安全因素，应当立即向现场安全生产管理人员或者本单位负责人报告。

6. A B

【解析与依据】《中华人民共和国安全生产法》第十八条　生产经营单位的主要负责人对本单位安全生产工作负有组织制定并实施本单位的生产安全事故应急救援预案和及时、如实报告生产安全事故等职责。因此事故发生后应该立即上报有关部门，并按照应急预案组织人员抢救伤员，减少事故损失。

7. C D

【解析与依据】根据氧气瓶安全使用要求，氧气瓶、氧气表、氧气瓶口及其专用工具严禁与油类接触，氧气瓶附近也不得有油类存在，因为油类或油污一旦在大于 3MPa 的压力作用下，会产生自燃。因此氧气瓶的阀门和氧气带等处严禁黏附油漆、油脂等物品。

8. A B C

【解析与依据】防止危险化学品爆炸事故再次发生，可以采取风险评价、危险源辨识，以及安装安全监控系统等措施，准备充足的医疗救护设备不能防止危险化学品爆炸事故发生，只是在爆炸事故发生后，减少伤亡。

9. A D

【解析与依据】甲苯高度易燃，其蒸气与空气能形成爆炸性混合物，爆炸极限 1.2%～7.0%（体积分数），遇明火、高热能引起燃烧爆炸。其蒸气比空气重，能在较低处扩散到相当远的地方，遇火源会着火回燃和爆炸。因此甲苯挥发爆炸的基本要素是浓度达到爆炸极限且有点火源。

10. A B C D

【解析与依据】根据国家安全监督管理总局办公厅印发《危险化学品目录（2015 版）实施指南（试行）的通知》（安监总厅管三〔2015〕80 号），高锰酸钾、硝酸铵、甲苯、甲酸乙酯都属于危险化学品。

11. B C D

【解析与依据】甲苯密度比水轻，甲苯着火后会浮在水面上随水流淌而扩大火灾，因此甲苯着火后不能用水进行灭火。可以使用泡沫、干粉、二氧化碳、沙土等灭火器材进行灭火。

12. A B C D

【解析与依据】该事故发生的直接原因是工具存在缺陷和作业人员未进行正确的作业前检查，间接原因是未进行作业前安全分析，未对风险进行识别，未办理作业许可证。

13. A B C

【解析与依据】人员进入某炼油厂污水井内清污作业可能存在物体打击、中毒窒息等安全事故，因此要佩戴好安全帽、空气呼吸器、防护手套等劳动保护用品。

14. A B C D

【解析与依据】根据《化学品生产单位特殊作业安全规范》（GB 30871—2014）规定，

进入受限空间作业前应根据受限空间盛装（过）的物料特性，对受限空间进行清洗或置换，并对受限空间进行气体检测，检测内容为氧气含量、可燃气体含量、有毒有害气体含量。因此进入某炼油厂污水井作业前需对可燃气体、硫化氢、氧气、一氧化碳进行检测。

15. B C

【解析与依据】人员在堵塞的污水管道中作业存在淹溺、中毒窒息等事故风险。

第五章 应急管理

一、单项选择题答案与解析

1. C

【解析与依据】事故发生后，公司领导和各部门负责人应按各级预案的规定，在第一时间内组织事故救援工作，发生重大事故时，应集结在事故应急救援指挥部，听从总指挥的安排和指令。

2. C

【解析与依据】事故发生后，各应急救援专业队负责人应按事故应急救援指挥部的指令，立即集结本队人员，携带应急救援装置，迅速赶赴事故现场展开救援。

3. A

【解析与依据】《企业安全生产应急管理九条规定》（国家安全生产监督管理总局令〔2015〕第74号）第二条　必须依法设置安全生产应急管理机构，配备专职或者兼职安全生产应急管理人员，建立应急管理工作制度。

4. C

【解析与依据】《企业安全生产应急管理九条规定》（国家安全生产监督管理总局令〔2015〕第74号）第三条　必须建立专（兼）职应急救援队伍或与邻近专职救援队签订救援协议，配备必要的应急装备、物资，危险作业必须有专人监护。

5. A

【解析与依据】《企业安全生产应急管理九条规定》（国家安全生产监督管理总局令〔2015〕第74号）第六条　必须向从业人员告知作业岗位、场所危险因素和险情处置要点，高风险区域和重大危险源必须设立明显标识，并确保逃生通道畅通。

6. C

【解析与依据】《企业安全生产应急管理九条规定》（国家安全生产监督管理总局令〔2015〕第74号）第五条　必须开展从业人员岗位应急知识教育和自救互救、避险逃生技能培训，并定期组织考核。

7. A

【解析与依据】《中华人民共和国安全生产法》第四十条明确了爆破、吊装等危险作业必须安排专人进行现场安全管理，确保操作规程的遵守和安全措施的落实。

8. A

【解析与依据】《国家安全监管总局办公厅关于进一步加强生产经营单位一线从业人员应急培训的通知》安监总厅应急〔2014〕46号：岗位从业人员是企业安全生产应急管理的第一道防线，是生产安全事故应急处置的首要响应者。

9. C

【解析与依据】按照《国家安全监管总局办公厅关于进一步加强生产经营单位一线从业人员应急培训的通知》安监总厅应急〔2014〕46号：一、全面落实应急培训主体责任。必须按照国家有关规定对所有岗位从业人员进行应急培训，确保其具备本岗位安全操作、自救互救以及应急处置所需的知识和技能，切实突出厂（矿）、车间（工段、区、队）、班组三级安全培训，不断提升岗位从业人员应急能力。

10. B

【解析与依据】企业事业单位应当定期进行应急演练，演练结束后，必须对环境应急预案演练进行评审。

11. B

【解析与依据】突发环境事件是指由于污染物排放或自然灾害、生产安全事故等因素，导致污染物或放射性物质等有毒有害物质进入大气、水体、土壤等环境介质，突然造成或可能造成环境质量下降，危及公众身体健康和财产安全，或造成生态环境破坏，或造成重大社会影响，需要采取紧急措施予以应对的事件，主要包括大气污染、水体污染、土壤污染等突发性环境污染事件和辐射污染事件。所以食物中毒不属于突发环境紧急情况和事件。

12. B

【解析与依据】《突发环境事件应急预案管理暂行办法》（环发〔2010〕113号）第二十一条规定，企业事业单位，应当每年至少组织一次预案培训工作。

13. C

【解析与依据】应急救援是在应急响应过程中，为消除、减少事故危害，防止事故扩大或恶化，最大限度地降低事故造成的损失或危害而采取的救援措施或行动。

14. C

【解析与依据】生产经营单位安全生产事故应急预案是贯彻落实"安全第一、预防为主、综合治理"方针，是保证职工安全健康和公众生命安全，最大限度地减少财产损失、环境损害和社会影响的重要措施。

15. B

【解析与依据】事故应急救援的基本任务：立即组织营救受害人员，组织撤离，或者采取其他措施保护危险区域内的其他人员。

16. A

【解析与依据】《集团公司高处作业安全管理办法》(安全〔2015〕37号)第二十五条规定,严禁在六级以上大风和雷电、暴雨、大雾、异常高温或低温等环境条件下进行高处作业;在30℃~40℃高温环境下的高处作业应进行轮换作业。

17. A

【解析与依据】一般性有毒、有腐蚀性的化学品的生产和使用区域内,包括装卸、储存和分析取样点附近、安全喷淋洗眼器按20~30m距离设置一站。

18. A

【解析与依据】《安全生产管理知识》(中国安全生产协会注册安全工程师工作委员会、中国安全生产科学研究院主编,2011年出版)。应急管理是一个动态过程,包括预防、准备、响应和恢复4个阶段。其中,预防由两层含义,一是事故的预防,即通过安全管理和安全技术等手段,尽可能地防止事故的发生,实现本质安全;二是在假定事故必然发生的前提下,通过预先采取的预防措施,达到降低或减缓事故的影响或后果的严重程度,如加大建筑物的安全距离、工厂选址的安全规划、减少危险物品的存量、设置防护墙以及开展公众教育等。从长远看,低成本、高效率的预防措施是减少事故损失的关键。

19. A

【解析与依据】应急预案编制的内容框架要依照《安全生产事故应急预案编制导则》中要求的预案构成要素进行编制。

20. B

【解析与依据】矿山救护队确保在24h应急值守,并确保应急状态下,能够在20min内赶赴救援现场。

21. A

【解析与依据】现场处置方案是生产经营单位根据不同事故类别,针对具体的场所、装置或设施所制订的应急处置措施,主要包括事故风险分析、应急工作职责、应急处置和注意事项等内容。

22. C

【解析与依据】生产经营单位应根据风险评估、岗位操作规程以及危险性控制措施,组织本单位现场作业人员及安全管理等专业人员共同编制现场处置方案。

23. B

【解析与依据】生产经营单位应当根据有关法律、法规和《生产经营单位生产安全事故应急预案编制导则》(GB/T 29639—2013),结合本单位的危险源状况、危险性分析情况和可能发生的事故特点,制订相应的应急预案。

24. B

【解析与依据】《生产安全事故应急预案管理办法》(应急管理部令〔2019〕第2号)

第二十四条 事故风险可能影响周边其他单位、人员的，生产经营单位应当将有关事故风险的性质、影响范围和应急防范措施告知周边的其他单位和人员。

25. C

【解析与依据】《生产安全事故应急预案管理办法》（应急管理部令〔2019〕第 2 号）第三十五条 矿山、金属冶炼、建筑施工企业和易燃易爆物品、危险化学品等危险物品的生产、经营、储存、运输企业、使用危险化学品达到国家规定数量的化工企业、烟花爆竹生产、批发经营企业和中型规模以上的其他生产经营单位，应当每三年进行一次应急预案评估。

26. C

【解析与依据】依据《安全生产管理知识》（中国安全生产协会注册安全工程师工作委员会、中国安全生产科学研究院主编，2011 年出版）中：介绍评估组负责设计演练评估方案和编写演练评估报告，对演练准备、组织、实施及其安全事项等进行全过程、全方位评估，及时向演练领导小组、策划部和保障部提出意见、建议。更详细内容也可查《突发事件应急演练指南》（应急办函〔2009〕62 号）。

27. B

【解析与依据】桌面演练是一种圆桌讨论或演习活动，目的是为了提高协调配合及解决问题的能力，使各级应急部门、组织和个人明确、熟悉应急预案中所规定的职责和程序，提高指挥决策和协同配合能力。

28. B

【解析与依据】要立即用大量清水冲洗，然后涂上低浓度酸溶液，以中和碱液。

29. C

【解析与依据】专项应急预案指国务院或者地方人民政府的有关部门、单位根据其职责分工为应对某类具有重大影响的突发公共事件而制定的应急预案。专项应急预案是针对具体的事故类别（如煤矿瓦斯爆炸、危险化学品泄漏等事故）、危险源和应急保障而制订的计划或方案，是综合应急预案的组成部分，应按照综合应急预案的程序和要求组织制定，并作为综合应急预案的附件。专项应急预案应制定明确的救援程序和具体的应急救援措施。

二、判断题答案与解析

1. 正确

【解析与依据】事故指挥官是应急过程中的安全问题、信息收集与发布以及各方的通信联络的主要负责人。

2. 正确

【解析与依据】应急设施、器材所在单位定期进行维护保养，确保完好使用。

3. 正确

【解析与依据】事故发生后，公司各重要岗位的人员，应采取正确紧急措施，确保设备安全，避免其他事故发生或事故扩大。

4. 正确

【解析与依据】《中华人民共和国安全生产法》第七十六条规定，鼓励生产经营单位和其他社会力量建立应急救援队伍，配备相应的应急救援装备和物资，提高应急救援的专业化水平。

5. 错误

【解析与依据】对于从业人员来说，熟悉作业场所和工作岗位存在的危险因素、应采取的防范措施和事故应急措施是十分必要的。

6. 正确

【解析与依据】参考《国务院安委会关于进一步加强生产安全事故应急处置工作的通知》（安委〔2013〕8号）。

7. 错误

【解析与依据】熟练掌握个人防护装备和通信装备的使用，属于应急训练的基础培训与训练。

8. 错误

【解析与依据】在重大事故应急救援体系中，消防与抢险的重要职责是尽可能、尽快地控制并消除事故，营救受害人员。

9. 错误

【解析与依据】依据《生产经营单位生产安全事故应急预案编制导则》（GB/T 29639—2013），针对重要生产设施、重大危险源、重大活动等内容而制订的应急预案属于专项应急预案。

10. 正确

【解析与依据】防止事故发生的安全技术措施是指为了防止事故发生，采取的约束、限制能量或危险物质，防止其意外释放的技术措施。常用的防止事故发生的安全技术措施有消除危险源、限制能量或危险物质、隔离等。防止意外释放的能量引起人的伤害或物的损坏，或减轻其对人的伤害或对物的破坏的技术措施称为减少事故损失的安全技术措施。该类技术措施是在事故发生后，迅速控制局面，防止事故扩大，避免引起二次事故的发生，从而减少事故造成的损失。常用的减少事故损失的安全技术措施有隔离、设置薄弱环节、个体防护、避难与救援等。

11. 错误

【解析与依据】发生触电事故以后，首先应该迅速让触电者脱离电源，如触电者心跳、呼吸均已停止，应立即采取心肺复苏术抢救，为医生抢救作好前期准备。

12. 正确

【解析与依据】对应急行动的统一指挥是有效开展应急救援的关键。

13. 错误

【解析与依据】应急管理是一个动态过程，分为四个阶段，为有效应对突发事件需要事先采取相应措施的阶段，称为准备阶段。

14. 正确

【解析与依据】当事故可能影响到周边地区，对周边地区可能造成威胁时，及时启动警报系统，向公众发出警报，以保证公众能够及时做出自我防护响应。

15. 错误

【解析与依据】针对可能发生的事故，为迅速、有序地开展应急行动而预先进行的组织准备和应急保障。应急准备不仅仅是物质准备。

16. 正确

【解析与依据】发生地震时，如在家里，千万不能滞留在床上或站在房间中央，更不能躲在窗户边，不要靠近不结实的墙体，不要破窗而逃。

17. 正确

【解析与依据】外伤的急救步骤是：止血、包扎、固定、送医院。

18. 正确

【解析与依据】发现监测异常，对现场人员生命构成威胁时，要立即发出疏散撤离号令。

19. 正确

【解析与依据】恢复是指事故的影响得到初步控制后，为使生产、工作、生活和生态环境尽快恢复到正常状态而采取的措施或行动。

20. 正确

【解析与依据】发生火灾后，先判断火势来源，采取火源相反方向逃生（其他得到警报的人员），应用湿毛巾或湿衣服遮掩口鼻，放低身体姿势，浅呼吸、快速、有序地向安全出口撤离。离开房间后，应关紧房门。

21. 正确

【解析与依据】瓦斯漏气或着火时应急处置程序：立即关闭瓦斯开关；千万不可开启或关闭任何电器开关；轻轻地打开所有门窗并迅速逃出户外；拨打供气单位维修电话或119。

22. 正确

【解析与依据】遇到断开的高压线对人员造成伤亡时，首先用干燥的长木棍将高压电线挑开，再进行急救。

23. 正确

【解析与依据】全体员工的职责：熟练掌握应急处理技能，参与应急管理活动；在紧急情况下，所有生产区域的员工必须承担应急处置的相应职责。

24. 正确

【解析与依据】任何电气设备在未验明无电之前，一律认为有电。

25. 错误

【解析与依据】事故应急救援系统的应急响应程序按过程可分为接警、响应级别确定、应急启动、救援行动、应急恢复和应急结束几个过程。不包含安全检查。

26. 正确

【解析与依据】一个完整的应急预案的文件体系可包括预案、程序、指导书、记录等，是一个四级文件体系。

27. 正确

【解析与依据】桌面演练是指参演人员利用地图、沙盘、流程图、计算机模拟、视频会议等辅助手段，依据应急预案对事先假定的演练情景而，进行交互式讨论和推演应急决策及现场处置的过程，从而促进相关人员掌握应急预案中所规定的职责和程序，提高指挥决策和协同配合能力。桌面演练通常在室内完成。

28. 错误

【解析与依据】专项预案是针对具体的事故类别（比如煤矿瓦斯爆炸、危险化学品泄漏事故）危险源和应急保障而制定的计划和方案，是综合预案的组成部分，应按照综合预案程序和要求组织制定，并作为综合预案的附件，专项应急预案应制定明确的救援程序和具体的应急救援措施。

29. 正确

【解析与依据】综合应急预案编制的目的就是规范非煤矿山企业应急管理和应急响应程序，确保企业迅速有效地处理非煤矿山企业安全生产事故、将事故对人员、财产和环境造成的损失降至最小程度，最大限度地保障企业和职工的安全。

30. 正确

【解析与依据】综合应急预案包括：规定企业应急组织机构和职责、应急响应原则、应急管理程序等内容。

31. 错误

【解析与依据】应急预案的编制一般可以分为6个步骤：成立工作组、资料收集、危险源与风险分析、应急能力评估、应急预案编制、应急预案的评审与发布。

32. 错误

【解析与依据】应急预案演练的范围应包括：（1）政府主管部门。（2）社区居民。（3）企业全员。（4）专业应急救援队伍。

33. 正确

【解析与依据】应急预案的管理遵循综合协调、分类管理、分级负责、属地为主的原则。

34. 错误

【解析与依据】生产经营单位可根据本单位的实际情况，确定是否编制专项应急预案，风险因素单一的小微型生产经营单位可只编写现场处置方案。

35. 正确

【解析与依据】《生产安全事故应急预案管理办法》（应急管理部令〔2019〕第2号）第四条　县级以上地方各级人民政府应急管理部门负责本行政区域内应急预案的综合协调管理工作。县级以上地方各级人民政府其他负有安全生产监督管理职责的部门按照各自的职责负责有关行业、领域应急预案的管理工作。

36. 正确

【解析与依据】《生产安全事故应急预案管理办法》（应急管理部令〔2019〕第2号）第五条　生产经营单位主要负责人负责组织编制和实施本单位的应急预案，并对应急预案的真实性和实用性负责；各分管负责人应当按照职责分工落实应急预案规定的职责。

37. 错误

【解析与依据】《生产安全事故应急预案管理办法》（应急管理部令〔2019〕第2号）第六条　生产经营单位应急预案分为综合应急预案、专项应急预案和现场处置方案。

38. 错误

【解析与依据】接警与通知不属于事故应急预案要素中应急准备的要素。

39. 错误

【解析与依据】事故应急预案的要素中应急响应的要素包括：接警与通知、指挥与控制、公共关系，但不包括应急资源。

40. 错误

【解析与依据】建立应急演练策划小组（或领导小组）是成功组织开展应急演练工作的关键，为了确保演练的成功，参演人员不得参与策划小组，更不能参与演练方案的设计。

41. 正确

三、多项选择题答案与解析

1. A B C D

【解析与依据】突发事件预警级别：一般依据突发事件可能造成的危害程度、波及范围、影响力大小、人员及财产损失等情况，由高到低划分为特别重大（Ⅰ级）、重大（Ⅱ级）、较大（Ⅲ级）、一般（Ⅳ级）四个级别，并依次采用红色、橙色、黄色、蓝色来加以表示。

2. A C

【解析与依据】《生产安全事故应急预案管理办法》（应急管理部令〔2019〕第 2 号）第三十五条　应急预案编制单位应当建立应急预案定期评估制度，对预案内容的针对性和实用性进行分析，并对应急预案是否需要修订作出结论。

3. A B C D

【解析与依据】《生产安全事故应急预案管理办法》（应急管理部令〔2019〕第 2 号）第十三条　综合应急预案应当规定应急组织机构及其职责、应急预案体系、事故风险描述、预警及信息报告、应急响应、保障措施、应急预案管理等内容。

4. A B C D

【解析与依据】《生产安全事故应急预案管理办法》（应急管理部令〔2019〕第 2 号）第三十一条　生产经营单位应当组织开展本单位的应急预案、应急知识、自救互救和避险逃生技能的培训活动，使有关人员了解应急预案内容，熟悉应急职责、应急处置程序和措施。

5. A B C D

【解析与依据】《生产安全事故应急预案管理办法》（应急管理部令〔2019〕第 2 号）第三十一条　应急培训的时间、地点、内容、师资、参加人员和考核结果等情况应当如实记入本单位的安全生产教育和培训档案。

6. A B

【解析与依据】参见《中华人民共和国安全生产法》。

7. A B D

【解析与依据】参见《中华人民共和国安全生产法》。

8. C D

【解析与依据】国务院国资委发布的《中央企业应急管理暂行办法》（国务院国资委令〔2013〕31 号）提出，中央企业应当按照专业救援和职工参与相结合、险时救援和平时防范相结合的原则，建设以专业队伍为骨干、兼职队伍为辅助、职工队伍为基础的企业应急救援队伍体系。

9. A B C D

【解析与依据】企业建立的专（兼）职应急救援队伍，在事故发生时，能够在第一时间迅速、有效地投入救援与处置工作，防止事故进一步扩大，最大限度地减少人员伤亡和财产损失。

10. A B C D

【解析与依据】应急预案应形成体系，针对各级各类可能发生的事故和所有危险源制订专项应急预案和现场应急处置方案，并明确事前、事发、事中、事后的各个过程中相关部门和有关人员的职责。

11. A B C

【解析与依据】应急演练演习的类型：桌面演习、功能演习、全面演习。

12. A C

【解析与依据】大型施工作业时，各属地主管应组织现场各承包商队伍开展风险评估，制订风险削减措施、应急预案，并组织现场所有专业队伍进行应急演练。

13. A B C

【解析与依据】预警行动通过预警系统、隐患排查、风险评估、上级部门和政府主管部门预报等信息预测预报对可能发生灾害事件进行预警。

14. A B C D

【解析与依据】报告内容包括但不仅限于以下内容：事件类别；事件发生的单位、时间、地点和现场情况；事件简要经过、伤亡人数和财产损失情况的初步估计；信息来源，报告人的单位、姓名、职务和联系电话。

15. A B D

【解析与依据】应急管理单位在执行预案实施应急救援的过程中，发现并记录的本预案的不符合项、无效性项、其他不足之处，进行清理、登记，及时对预案进行修订，重新发布。

16. A B C D

【解析与依据】触电现场急救程序：切断总电源（如电源总开关在附近），脱离伤员和电源（用绝缘物），心肺复苏（心跳、呼吸停止者），包扎电烧伤伤口，速送医院。

17. A C D

【解析与依据】《安全生产管理知识》（中国安全生产协会注册安全工程师工作委员会、中国安全生产科学研究院主编，2011年出版）按照事故应急预案编制的整体协调性和层次不同，可将其划分为专项预案、现场处置方案、综合预案等几个层次。

18. A B C D

【解析与依据】编制程序需要：应急预案编制工作组、资料收集、危险源与风险分析、应急能力评估、应急预案编制和应急预案评审与发布。

19. A B C

【解析与依据】应急预案体系构成由综合应急预案、专项应急预案、现场处置方案三部分。

20. A B C D

【解析与依据】综合应急预案中的预防和预警包括：危险源监控、预警行动、信息报告、通知。

21. A B C D

【解析与依据】应急保障措施分为：通信与信息保障、应急队伍保障、应急物资、装备保障、经费保障和其他保障。

22. A B C D

【解析与依据】专项应急预案主要包括：事故风险分析、应急指挥机构及职责、处置程序、措施等内容。

23. A B C D

【解析与依据】《海洋石油安全管理细则》（国家安全生产监督管理总局令〔2009〕第25号）：作业者和承包者应当组织生产和作业设施的相关人员定期开展应急预案的演练，演练期限不超过下列时间间隔的要求：（一）消防演习：每倒班期一次。（二）弃平台演习：每倒班期一次。（三）井控演习：每倒班期一次。（四）人员落水救助演习：每季度一次。